企業的本質

從經濟學的觀點來看

TYLER COWEN
泰勒・柯文——著
徐立妍——譯

經濟趨勢72

企業的本質：從經濟學的觀點來看

（原書名：企業的惡與善）

作　　者　泰勒・柯文（Tyler Cowen）
譯　　者　徐立妍
內文排版　薛美惠
校　　對　陳芝鳳
責任編輯　文及元、林博華
行銷業務　劉順眾、顏宏紋、李君宜

總 編 輯　林博華
發 行 人　凃玉雲
出　　版　經濟新潮社
104台北市民生東路二段141號5樓
電話：(02)2500-7696　傳真：(02)2500-1955
經濟新潮社部落格：http://ecocite.pixnet.net
發　　行　英屬蓋曼群島商家庭傳媒股份有限公司城邦分公司
台北市中山區民生東路二段141號11樓
客服服務專線：02-25007718；25007719
24小時傳真專線：02-25001990；25001991
服務時間：週一至週五上午09:30-12:00；下午13:30-17:00
劃撥帳號：19863813；戶名：書虫股份有限公司
讀者服務信箱：service@readingclub.com.tw
香港發行所　城邦（香港）出版集團有限公司
香港灣仔駱克道193號東超商業中心1樓
電話：25086231　傳真：25789337
E-mail: hkcite@biznetvigator.com
馬新發行所　城邦（馬新）出版集團Cite(M) Sdn. Bhd. (458372 U)
41, Jalan Radin Anum, Bandar Baru Sri Petaling,
57000 Kuala Lumpur, Malaysia.
電話：(603) 90563833　傳真：(603) 90576622
E-mail: services@cite.my
印　　刷　漾格科技股份有限公司
初版一刷　2020年9月3日
二版一刷　2022年10月13日

城邦讀書花園
www.cite.com.tw

ISBN：978-626-7195-04-8、978-626-7195-06-2 (EPUB)

定價：400元
Printed in Taiwan

出版緣起

我們在商業性、全球化的世界中生活

經濟新潮社編輯部

跨入二十一世紀，放眼這個世界，不能不感到這是「全球化」及「商業力量無遠弗屆」的時代。隨著資訊科技的進步、網路的普及，我們可以輕鬆地和認識或不認識的朋友交流；同時，企業巨人在我們日常生活中所扮演的角色，也是日益重要，甚至不可或缺。

在這樣的背景下，我們可以說，無論是企業或個人，都面臨了巨大的挑戰與無限的機會。

本著「以人為本位，在商業性、全球化的世界中生活」為宗旨，我們成立了「經濟新潮社」，以探索未來的經營管理、經濟趨勢、投資理財為目標，使讀者能更快掌握時代的脈動，抓住最新的趨勢，並在全球化的世界裏，過更人性的生活。

之所以選擇「經營管理—經濟趨勢—投資理財」為主要目標，其實包含了我們的關注：「經營管理」是企業體（或非營利組織）的成長與永續之道；「投資理財」是個人的安身之道；而「經濟趨勢」則是會影響這兩者的變數。綜合來看，可以涵蓋我們所關注的「個人生活」和「組織生活」這兩個面向。

這也可以說明我們命名為「經濟新潮」的緣由——因為經濟狀況變化萬千，最終還是群眾心理的反映，離不開「人」的因素；這也是我們「以人為本位」的初衷。

手機廣告裏有一句名言：「科技始終來自人性。」我們倒期待「商業始終來自人性」，並努力在往後的編輯與出版的過程中實踐。

導讀
「一打多」格鬥賽裏的謎題

文／黃光雄　世新大學經濟系助理教授

這本書書名的原文是 Big Business——也許可以翻譯成大商業、大企業或大公司。這本書對誰最有用呢？商人？員工？消費者？投資人？其他人？我把我自己的答案留在這篇導讀的最後。但是閱讀一本書也可以像是走一趟只求好玩不求有用的智識旅程，而這篇導讀扮演一個建議玩法的導遊。

第一個玩法就是解謎：對誰有用？怎麼用？

讀者閱讀這本書時，可以想像自己正在觀賞一場實況轉播的「一打多」格鬥或辯論賽。辯論的題目是「我們應該給予美國的大商業更多的愛、更少的恨」。

正方是這本書的作者泰勒．柯文（Tyler Cowen），反方則包括主張解散大銀行的社會主義者民主黨人伯尼・桑德斯（Bernie Sanders）、把媒體稱為「人民公敵」的美國總統共和黨人川普（Donald Trump），和眾多其他立場不同的反商人士。雖然讀者應該自己發掘和欣賞作者所使用的格鬥技法，我認為讀者可以特別注重作者在書中所常用的反擊術——「挑戰對手的比較標準」。

當對手提出大企業的缺失，作者反問：「比例多高？和一般人比起來如何？把所有大企業都消滅掉會如何？」這是在辯論時，只會反覆檢驗證據的文弱書生所可以多加學習的。

支持正反雙方的觀眾都可能好奇：這本書的作者和另一位自由市場的捍衛高手米爾頓・傅利曼（Milton Friedman）的打法有何不同？我不能洩漏太多，但是作者在第一章就強調了企業文化的重要性，而本書的最後一章，則提出了作者異於傅利曼的企業社會責任論。

一個值得向中譯本讀者澄清的事情是：本書所講的大商業指的是美國的大型私人公司，而且作者並沒有主張用政府補貼來愛大商業。所以值得解答的另兩個謎題是：為何作者只談美國？不靠政府的愛是怎樣的愛？

另一種閱讀本書的玩法，則是拼圖。

科技業者和金融業者可能看了目錄，就直接跳到第六章「大型科技公司很邪惡嗎？」和第七章「華爾街到底有什麼好的？」可是在科技業和金融業之外，美國還有很多其他的大企業。雖然這不是作者的原意，但讀者可以自己補上大商業或世界經濟拼圖裏所欠缺的板塊。

除此之外，讀者可以做「大公司關係人」的拼圖——第三章談執行長、第四章談員工、第五章談消費者，缺了誰呢？還有一個「邪惡拼圖」可以玩：第二章談奸詐、第三章談貪婪和短視近利、第四章談壓迫、第五章談勾結、第八章談腐化，還有哪些道德缺失可以用來指責大企業？

導讀的最後解答「本書對誰有用？」的謎題——其實有很多答案，最明顯的是反商的評論家和政治人物。

讀過本書，可以預防自己因為提出站不住腳的論點而被打臉；其次有用的是那些拿「不想替邪惡的大企業工作」當藉口而頹廢懶散的人才——消除這藉口，將使生命的潛能獲得釋放。另外一個答案請讀者自己尋找——我的提示是第一章所提到的一本小說。

獻給娜塔莎、雅娜和凱爾

目次

第一章

支持商業的新宣言

我們如今生活的這個年代裡，眾人圍攻起商業的聲譽，例如在民主黨人中，「社會主義」一詞就比「資本主義」的支持度來得高。不過，對於共和黨人來說，雖然他們為許多商業目標多費喉舌遊說，卻也沒有付出太多實際行動來支持。他們當中有許多人忙不迭地追隨川普總統（Donald Trump）的腳步，群起攻擊自由貿易、移民、外包，以及美國媒體（為之貼上「人民公敵」的標籤），這一切基本上都是反對商業的立場。[1]

顯而易見的是，商業的價值已經遭到貶低，因此我要反其道而行寫一本目的不在逆勢而為的書。商業的形式可能會遭受到各種批評，其中有些還滿有道理；不過跟以下二項直接而確實相當重要的價值相比，都相形失色。首先，我們所喜愛、使用的大部分東西都由商業製造出來；第二，商業讓我們大多數人有工作。在商業界中眾人會最直接聯想到的二個詞彙，就是「繁榮」與「機會」。

若是沒有商業，我們就不會有：

- 船、火車和汽車
- 電力、照明和暖氣設備
- 大多數的食物供給
- 大多數能救我們性命的藥物

- 給我們小孩的衣服
- 我們的電話與智慧型手機
- 我們喜歡閱讀的書
- 能夠獲取（甚至可以說是立即獲取）世界上如此豐富的網路資訊

同時我們也別忘了各位的薪水，「付薪計酬」這件事或許已經習慣成自然，但確確實實很了不起，有某個人或某一群人努力不懈並提出創新的想法，才能夠白手起家建立公司，我知道如果是沒做過這種事的人，很容易就會覺得這沒什麼了不起。除了薪水之外，擁有一份工作是我們驕傲的最大來源，更是我們交朋友、建立社交網絡最直接的方法。

順便說明，我用「商業」(business)[2]一詞時，單純是指「一間屬於商業有時是產業類的公司」，這是引用自《韋伯字典》(*Merriam-Webster*)的簡單定義，我有時也會用在法律上定義比較明確的「企業」(corporation)，只是二者的概念嚴格說起來並不相同。擺出檸檬水攤位的小孩，可以說是在經商做生意，但不是企業。雖然這樣說，為了這本書想表達的目的，我還是認為只要是夠大、夠正式的組織機構，這二個詞都能做為相當有效的同義詞。我完全可以理解，「商業」在人們耳中聽起來比「企業」要好得多，因此我有時也會選擇「企業」一詞來刺激某些讀者，讓他們知道自己其實在潛意識中站在敵視企業的立場。

美國商業的特殊價值

我們必須花一點時間頌揚美國商業的特色：從全球標準來看，其整體表現實在厲害得不得了。史丹福經濟學家尼可拉斯・布魯姆（Nicholas Bloom）和一群共同作者一起研究，並比較包括美國在內幾個重要經濟體的管理實務表現。他們的調查評估項目包括：在職場上運用激勵措施的效果、績效評估與審查的品質、層峰是否著重於長期目標、創造力最強的人是否有得到最佳獎勵，以及公司是否能夠吸引並留住優秀員工。另外還包括其他相關指標。同時現實世界的成果也證實了這些評量的可靠，因為答案都和公司生產力、規模、獲利率、業務成長、市場價值與企業存續的實際數字息息相關。[3]

那麼這些管理品質的評估都做完之後，是哪個國家領先群雄呢？美國毫無疑義是第一名，證明了這個國家商業成就的規模及品質，這是企業領導者與員工共同努力的成果，而美國也毫不意外地在各個不同領域中，成為全球創新的領導者。

管理真的很重要。舉例來說，如果有二間美國工廠製造類似的產品，不過其中一間工廠的生產力是處在第90百分位數，另一間則處在第10百分位數，前者因為擁有優越的管理作為，所以生產力等級比後者還高出四倍。學者預估只要將管理作為的品質提升到與美國同等級，中國工廠的生產力能夠成長百分之三十至五十，而印度工廠則能成長百分之四十至六十。[4]

而中國和印度能有這樣的進步可能代表了什麼？美國的職場信任度相對較高，讓美國公司的運作更有效率。信任讓公司能夠分散決策權力，這樣管理高層就不會變成阻礙進步的瓶頸，懷抱著信任將決定權交到下屬手上，運作會更加順暢、有效，因此基於信任運作的公司會擴展得更快、有更大的彈性。在信任相對較高的環境中，員工更能明白獎勵是基於對生產力的貢獻，而非靠關係。基於這些考量，公司生產力的價值也等同於人的價值，而這二者都能展現在破紀錄的超高公司產出，以及相對更愉快的工作上。身而為人，我們喜歡受人信任，也會讓自己變得值得信任，所以我們經常會發現企業價值與社會價值互有相關。[5]

美國的商業成就超凡還有另一個原因：美國的經濟相較於其他國家更有成效，能夠透過互相競爭的壓力淘汰掉糟糕的公司。在美國，最糟糕的公司比起那些最好的公司其實差不了多少，然而這樣的差距在其他國家通常會大得多。這也可以用來形容，在執行資本主義中所謂的「創造性破壞」（creative destruction），也就是人們用自己的錢包來投票決定哪個是最佳餐廳、最佳汽車、最佳行李箱，而輸家就只能關門大吉，美國要比其他國家強多了。保護主義的問題在於，第一眼看來這麼做很吸引人，因為保護主義強調會保護我們的工人，但這也讓生產力較強的企業更難取代生產力低落者，而這樣的汰換過程其實正是經濟進步的源頭。

美國和其他主要經濟區比起來，也是最能夠廣納勞力與資源，投注到管理最優良的公司當中，也就是說，成功的美國企業能夠不斷成長並延伸觸角。例如，管理品質只要能增加一個標準差（測量偏差的統計概念），對一家美國公司而言，平均就能夠增加二百六十八名員工，而在南歐公司的管理品質若有相當幅度的增長，卻只能夠在公司裡增加六十八名員工，根據公司規模大小差異而調整過後的統計結果也差不多。換句話說，美國尤其擅長適才適用，充分利用自身最成功的優勢。[6]

比起政府，少了偏激多了正直

我們都可以同意，我們的國家最迫切需要的就是正直，尤其是在政治界，今日的政治傾向愈來愈偏激。我們的政府說好聽一點是僵化到無可救藥，說難聽一點就是很可能陷入無法預料的困境。這樣的偏激也造成了完全失控的政治正確與審查機制、激化的種族主義與不公不義、層出不窮的暴動與槍擊事件，還有一連串起訴和腐敗的指控。當代的美國有許多特色都很棒，包括企業界的高度信任也是，但我們的政府卻是愈來愈不可思議。

相較之下，美國商業界從來沒有像現在這麼生產力蓬勃、更寬容也更懂得合作，商業不只是提升ＧＤＰ及經濟繁榮的因素，其持續著眼於製造能夠販售給顧客的產品，並從中獲利，更顯現出一種常態性與可預測性。成功的企業能夠快速成長，但他們也努力創造出穩定而寬容的綠洲，在其中不斷修正生產方法臻於完美。這樣的綠洲能夠吸引並留住人才，讓企業有辦法穩定提供顧客「舒心產品」（comfort product）[7]。商業製造出各種資源，讓我們的生活不但更好過也更舒服，幫我們雕琢出關愛、友誼、創造力與人道關懷的空間。

尤其是美國的大企業更扮演起領頭羊，讓美國的社會氛圍更寬容，例如麥當勞、奇異（General Electric）、寶僑（Procter & Gamble，P&G），以及許多科技大廠等等，在最高法院判決同性婚姻合法之前，就已經為同性伴侶制定了健保及其他法律福利，而在北卡羅萊納州法院想要規定跨性別人士必須使用哪種廁所時，蘋果、輝瑞藥廠（Pfizer）、微軟（Microsoft）、德意志銀行、PayPal和萬豪（Marriott）等等企業也發聲反對或抗議，而這樣的反對聲浪最後讓這條法令撤銷。大型企業這樣努力推動包容並不讓人意外，它們擁有眾多顧客，而且仰賴品牌價值生存，不希望在這些顧客當中，有哪一群人覺得自己受挫或遭到歧視，又或是有抱怨的理由，一點都不希望，畢竟如今是社群媒體當道的世代。光是要將獲利最大化這個理由，更不用提有些執行長也滿有良心，就會讓現代的大企業站在包容與接納異己的立場。[8]

尤其是比較大型的公司，你可以把他們想成是空前成功的商業模式，因此能夠體現商業的邏輯，這樣的公司也比規模較小的公司更能夠容忍員工的個人愛好。一間在地經營的烘焙坊或許不願意幫同志伴侶製作結婚蛋糕，但是努力要將自家產品推廣到全美國市場的莎莉公司（Sara Lee），會很樂意做所有人的生意。比較大的公司需要維護自己更為遠播的名聲，也需要招募更多人才來效力，其中有些可能就來自少數團體。所以，若是他們只專心培養幾個在地白人所組成的緊密人際網絡，就不可能生存並成長。

我有時候會說，如果你想要了解當今的世界，最好去讀報紙的體育版，這個版面基本上就反映出美國生活中所謂的日常，不必去讀頭版或政治版。而體育當然也是一種商業。

誰在當酸民？

我要抱怨一下今日的美國，很簡單：我們對商業界的愛不夠多。而且還不只是一小部分人常常會看不起商業界，這裡列出一部分現在在美國中經常會直覺上批評商業的群體，至少、至少、至少也可以說這些人對商業懷著強烈的疑心。

年輕人

大多數美國的年輕人都對資本主義抱持非常批判的觀感，哈佛大學研究者曾經進行一次具有代表意義的意見調查，十八歲至二十九歲的年輕人當中，只有百分之四十二支持資本主義；而有百分之五十一說，他們不支持資本主義。大部分受訪者都不大確定，自己比較喜歡除了資本主義之外的哪種，但是卻有高達百分之三十三的人認為，自己寧可接受社會主義，即使他們所認知的社會主義並不是老一代人所知道的那種，顯然也表現出他們並不喜歡企業這種形式。自從一九六〇年代時興起了激進主義，如今或許對商業有更強烈的反動情緒，尤其是在年輕人當中。[9]

桑德斯支持者

雖然伯尼・桑德斯（Bernie Sanders）並沒有贏得二〇一六年民主黨的大選提名，卻可以說他在那次選舉中激起的選民熱忱程度是第二高的。在我寫作這本書時，他是民主黨內競逐二〇二〇大選提名的熱門候選人，不過他也已經高齡七十八歲了。而民主黨在回應川普政府的濫權時，桑德斯的改革派理想顯然非常具有影響力。

伯尼・桑德斯就是反商業左派的典型，他自詡為社會主義者，呼籲要解散大銀行，並建立更多由勞工擁有的合作企業，將生活水準停滯不前怪罪到美國企業的貪婪本質上。我想你可以據理力爭，說一旦桑德斯真的當上總統，政策或許不會像他的口號那樣激進，比方說，他在使用「社會主義者」一詞時有各種不同涵義，通常都是比較淡化的意思。但是就問問你自己一個基本問題：伯尼・桑德斯有為一般的商業形式，或尤其是大企業，說過什麼好話嗎？如果沒有，為什麼他如此不願意讚揚美式生活中，如此有益、攸關根基的組織？

媒體（與社群媒體）

若要說誰批評商業批得最兇，媒體大概是頭號壞蛋，但主要原因並非報紙和電視台立場太過左傾。基本上，所有媒體管道都明顯偏好各種負面新聞，包括商業新聞，所以醜聞、腐敗和苛待員工就會搶到更多版面，而美國大企業每天都在發生正常、空前成功的新聞則無人報導。「各家企業又繳出了高水準表現的一天，製造商品，給人工作」，這種新聞頭條實在不怎麼樣。

這些日子以來，各大媒體包括像《金融時報》（*Financial Times*）這類立場溫和的報紙也會刊登文章，揭露科技大廠的罪過，例如商業專欄作家拉娜・福洛荷（Rana Foroohar）撰寫〈科技巨頭的力量〉（*The Power of the Big Tech Titans*）一文，便特別著重描寫負面形象。事實上，亞馬遜、谷歌、臉書、蘋果和其他企業，都提供了美國人他們最為驚奇的產品，有時候還是免費或以相當低的價格提供。若是提到資訊的取得，如今的世界已經彼此交織得如此緊密，在二十年前的人幾乎是完全無法想像，或許可以說是這個世代人類最偉大的一項成就。然而，我們卻不斷聽到這樣的話如鼓聲傳來，說這些公司必須解散、拆除，或至少要再施加更為嚴格、嚴厲的法規。如果說這些報導中對商業有什麼實質的批判，報紙所做的其實只是平凡無奇的分析，目的是要衝高點閱率，當然還要加上社群媒體界中，某些團體以負面的偏頗報導推波助瀾。

我們甚至看到特別反對資本主義的媒體源再次崛起，例如同時發行紙本及線上版本的雜誌《雅各賓》（*Jacobin*），最近發表的文章中就有以下這句話：「在某些情況下，例如前蘇聯，（由上至下的社會主義）弱點幾乎就和資本主義本身的一樣深。」引言出自馬第厄・代桑（Mathieu Desan）和麥可・麥卡錫（Michael A. McCarthy）所寫的文章〈當勇之時〉（*A Time to Be Bold*）。[10]

社群媒體也是問題的一部分。這則蒂娜（Dina）發出的推文，正顯示出對商業毫無感激之心，為什麼呢？「仔細想想，戴眼鏡的人根本就是要付錢才能使用眼睛，資本主義這賤人。」這條推文發出後不久，便累積了超過二十五萬九千人按讚，顯然還在持續增加。但或許我們應該要掌聲鼓勵眼鏡公司，因為他們互相競爭，才能讓我們用盡可能最低的價格買到這種服務。順便告訴各位，有一篇知名的經濟研究論文顯示，若是州法律限制了眼鏡的廣告宣傳，便會破壞競爭，眼鏡就會變得更貴。幸好，聯邦貿易委員會（Federal Trade Commission）裁定這樣的法律無效，讓競爭白熱化，也造就更低價的商品。[11]

對商業信任不足的一般美國人

這是一份二〇一六年蓋洛普民調，主題是美國人對於不同組織的相對信任程度（表

【表一】 美國人對於不同組織的相對信任程度（二〇一六年蓋洛普民調）

組織機構	非常信任	還算信任
軍隊	41%	32%
中小企業	30%	38%
警察	25%	31%
教會或宗教組織	20%	21%
醫療體系	17%	22%
總統	16%	20%
美國最高法院	15%	21%
公立學校	14%	16%
銀行	11%	16%
勞工團體	8%	15%
刑事司法體系	9%	14%
電視新聞	8%	13%
報紙	8%	12%
大企業	6%	12%
國會	0%	6%

一）：[12]

大企業僅僅險勝國會，都落在信任階梯的底層，明顯表示在信任度上的表現不太好，不過我們的中小企業倒是表現相當好，落在第二名，僅次於軍隊。對我們許多人而言，大企業就代表了貪婪、用權力壓榨勞工，也毫不在乎自家顧客的福祉，但是平均說來，大企業比中小企業所付出的薪資要高很多，也提供更優良的福利及工作環境，也就是說，美國商業所面對最大的問題可說是政治不正確的真相，到頭來就是還不夠大、不夠成功，其野心仍嫌不足，也還不夠努力提升獲利，朝著龐然企業的規模成長。[13]

川普支持者與保守右派

唐納．川普總是以熱愛大企業的形象示人，代表著美國的生產力階級，不過他也常拿大企業當成代罪羔羊，很喜歡在推特裡嘲弄企業和企業主管（例如開利空調〔Carrier〕和亞馬遜）。而如果力道從一開始的輕推，進展到用力推擠，川普又在議題中站錯了邊，川普的支持者還會選擇相信他，或是相信美國企業還是有良心的呢？到目前為止，我們看不到有什麼證據證明，川普的支持者對他反商業的抨擊論調有大規模反彈。

在科技公司的議題浮上檯面時，許多保守右派人士便認定了臉書和谷歌的立場左傾，都是些政治正確的文化菁英，這麼說當然也是挺有道理。於是右派就呼籲要打垮那些大型科技公司，或者要給他們制定更嚴格許多的法規，基本上就是要發起某種知識聖戰，對抗科技公司在美國生活中的重要角色。英國保守派的歷史學家尼爾．弗格森（Niall Ferguson）擔起了這波運動的首領，還夥同了幾個右翼政客發動幾次突襲，他們有許多人都相信，這些科技大企業刻意在審查保守派智囊與知識分子的言論。[14]

在某些方面，我也對媒體有諸多批評，但我絕對不會像川普和其他一些共和黨員一樣稱他們是「人民之敵」。各位真的認為川普毫不含糊地支持商業嗎？別忘了，媒體同樣也是美國的企業財團。

簡單路線圖

我是來為商業說話的，想要說服各位讀者，商業值得各位多一點愛、少一點恨。或許我也像你們一樣，要退讓出這麼多日常的生活領地，給顯然是自私、重利，甚至可以說腐敗的組織，我也不是完全安心，但是仔細想想，這筆交易要比第一印象看起來的還要划算。確實，最好的狀況是，商業能夠讓我們的生活更有餘裕去做些偉大而高尚的事，能夠利用商業的產物來滿足我們自身的創作欲望、過著更好的生活。

我認為最常用來批評美國商業的那些論點中，有很多都經不起細細檢驗。例如經常有人說，美國商業太過注重季度損益表，卻犧牲了更長期的目標。不過事實上有許多證據都證明，在適當時機這些公司都會考慮得很長遠。有時候，一時的問題比較容易、或者說比較需要解決，也可以做為長遠成功的橋梁，而我們目前手上的證據顯示，美國商業在放眼未來這一點上表現相當不錯。

然後還有美國執行長（CEO）薪水的問題，《金融時報》的專欄作家愛德華．盧斯（Edward Luce，他也是我的朋友）就在推特上形容，他們的薪水「多到不合理」。[15] 美國CEO的薪水比起過去確實要高太多了，但這樣的大幅加薪大多是跟著他們所管理的公司規模及市值成長而增長。與常見論點正好相反的是，我們很難論證CEO這樣的職位刻意操弄薪資福利，來敲股東的竹槓，因為只要看看數據就會發現，如此高昂的報酬就是吸引頂尖人才的代價。經營一家大企業，除了要擁有許多各司其職的專業人才，還要承擔起比過去更多的職責，包括媒體、政府與公共關係，還要建構願景、理解客戶並與之溝通、規畫跨文化的全球策略、與政府合作，以及讓公司遠離麻煩。這麼一來，能夠勝任這份工作的適當人選就少了許多，因此他們的酬勞便提高了，這是基本的供需法則。今日的CEO根本就是一才萬用，所以拿這樣的薪水也應該不讓人意外。

一個最常被拖出來鞭打的代罪羔羊就是金融圈，總是被描繪成太過龐大而無法控制。事實是金融圈所掌握的大約是美國總資產的百分之二，不過當然這份資產有所成長，金融圈也就跟著成長。美國金融能夠動用存款，去投資風險較高的股票和創業投資，每年已經為美國賺進幾千億美元，而這些獲利遠遠超過了通常是由金融圈而生的成本。同時，金融圈也並沒有吸走所有為美國經濟出力的人才，不讓他們去從事其他工作，如今美國製造業產品品質提升到新高點就是證據。

最常聽見對商業的批評就是商人狡詐、總會敲竹槓；雖然商界中確實有許多詐騙事件，不過商業圈的人比起其他領域的人並沒有特別狡詐，甚至可能是沒那麼狡詐。商業可以讓我們變成更好的人，例如教我們如何合作更順利。而且有強力證據指出，整體來說比起我們參與其他領域的工作，商業並不會讓我們變糟，當中有很多人大概一開始就不大老實，而如果你有所疑慮的話，看看約會網站上的個人介紹中有多少謊言和不實陳述就知道了。

所以說，商業中有許多問題其實都是我們自己的問題，而這些問題反映出潛藏在人性本質中，大概放諸四海皆準的不完美，但是我們面對這項事實的反應卻不甚理性，一方面我們疑心商業界在偷雞摸狗，一方面卻又期望企業能給我們工作、照顧我們、幫我們建立交友圈、解決社會問題，而且讓我們擁有毫無風險的消費經驗。

也可以說我們評論各家公司的方式就像我們評論一個人一樣，有時甚至像是評論家人：會考慮到跟我們的關聯，以及對誠信的標準。這麼做是不對的，因為公司行號是法建構（legal construct）兼抽象實體（abstract entity），並沒有自己的目的、目標或感受。比較好的方法是，想一想企業在社會與法律層面上應該扮演什麼角色、發揮什麼功能，而公司的作為如何能夠創造工作機會，並生產商品及服務。不過也就是因為我們習慣用評論人的標準來評論公司，所以很難接受公司背後的掌權者有部分貪腐，或者有時會有不當獲利或貪婪的動機，於是我們會以道德來規範公司而非試著去理解公司。

而且，企業的常見形象通常是完全由自私自利或貪婪無道的個人組成，這個形象也不是對大企業最正確的理解。諾貝爾經濟學獎得主米爾頓・傅利曼（Milton Friedman）是捍衛資本主義與企業的強大後盾，他在一九七〇年發表了一篇知名文章，可惜最終卻引人誤會，文章篇名是〈企業的社會責任便是增加獲利〉（The Social Responsibility of Business Is to Increase Its Profits），他的重點在於，企業CEO和主管們不應該將股東的資源，分配用在社會公義或其他利他目標。傅利曼認為，對社會有價值的並非獲利，而是意圖，但是在他心中，那些意圖最好透過慈善、非營利組織或政府政策來達成，因為企業無法順利完成這些任務，這麼做也不符合商業的本質。[16]

雖然我相當崇拜米爾頓・傅利曼，也和他一樣對社會主義的解決方法抱持懷疑，不過這篇文章很明顯反映出意識形態會讓人盲目。不僅僅是將獲利最大化的其他目標，最後常常能夠同時增進企業獲利與社會福利，例如在SpaceX工作的人，這家由伊隆・馬斯克（Elon Musk）創立的公司，運用先進、有時可以說是劃時代的火箭科技來發射衛星，公司員工通常都真正相信能夠在其他星球與星系殖民的夢想；創立Skype的人，以及在那裡工作的主管，似乎都相信能夠拉近朋友、家人與生意夥伴的距離這種理想；還有很多記者和報紙編輯，至少他們都很努力要讓世界變得更好。傅利曼不了解的是，商業的文化、知識、理想，乃至於**情感**根基絕對不僅僅是獲利的附屬品，人們會在乎自己所做的工作，也會從自己的工作中尋找意義。我們最好將獲利最大化想成是一套方便的說詞，之所以能夠成功提升獲利，正是因為這麼說才不會單單只聚焦在獲利這個目標上。

尤其現在我們處於社交媒體的時代中，能夠直接和消費者建立連結，也讓他們有機會在事情出錯時提供直接的回饋，最為成功的企業將自己在社會中的角色，看得有如救世主一般，他們十分重視要遞送商品、傳達服務給消費者，或許還會宣導自己對社會的特殊願景，員工希望可以相信自己的一切辛勞都是保護環境、對抗貧窮、導正美國這個國家的形象。若是企業能夠灌輸給自家員工和主管一種**真心**的信念，比起未能灌輸信念的企業，這樣的公司更能夠為自己的目標建立起具有長久競爭力的優勢，能夠建立更高的顧客忠誠度，在公司間的層面也能吸引到更好、更多的合作夥伴。這樣來想：誰會想要嫁給一個老是自私自利、只想從婚姻裡得到最多幸福的人？

作家艾茵・蘭德（Ayn Rand）曾經強調，成功的企業可以做為達成偉大目標的工具，顯示出她對於成功企業的性質知之甚深。蘭德的小說《阿特拉斯聳聳肩》（*Atlas Shrugged*；按：繁體中文版由早安財經出版）中，有個角色叫漢克・里爾登（Hank Rearden），他強調一份工作要有優秀的生產力，其中牽涉到尊嚴、榮譽和理性；而他也漸漸明白，這就是美國之所以偉大最基本的根基。

通常都是那些信仰虔誠或擁有某種強大理念的企業領導者，最能清楚理解一家公司要設定某個超脫獲利以外的使命，有多麼重要，他們知道在自己的人生中，商業和宗教或理想層面絕對不是完全分離的，他們知道自己可以為股東們（還有廣大的社會）做到最好，只要將所有商業、宗教、道德和理想觀點都綁在一起成套。傅利曼本人成功建立起芝加哥大學的經濟學系，這裡後來成為最多諾貝爾獎得主的發源地，這裡相當倚賴追求真理和成就的「企業文化」，而不只是專注在單一、只與自身相關的目標，例如賺到最多錢、發表最多論文等。傅利曼在談論商業時，不妨多引用自己建立學系的經驗故事，而非扮演屠殺社會主義惡龍的勇者。

也就是說，最佳的商業基本上就是道德企業（ethical enterprise）。

因此，或許你會自問，如果商業這麼好，為什麼我們都對它這麼不信任？這個問題非常好，而我不會避而不答，之後會有更多討論，不過現在我可以說，有部分是因為企業對我們有很大的影響力，而我們又無法控制，才有這樣的反應。例如，消費者**組成了團體**，就對企業有很大的控制權力，但是**單一**消費者通常就做不到。確實，許多公司都做過精明的計算後，才會乾脆忽略單一消費者的抱怨，因為他們認為實在不值得浪費時間與金錢來處理。想要打電話給客服，或者想讓保險公司重新估算一份誤遭拒絕的理賠，這樣的經驗一定都是皆大歡喜嗎？以此類推，單一員工對他們的老闆不大有什麼影響力。

有時候，企業感覺就像可怕的鯊魚，在海底打著圈子尋找下一餐，如果這些公司都是無比成功而有效率，感覺又更加嚇人。但是也有些時候，企業就像人一樣，以朋友和保護者的形象出現在我們眼前，敦促我們用最為親暱而富同情心的那一面來評斷它們。難怪我們沒辦法用一套完全公平、感受一致的形象來描述美國的企業，因為這套系統本身便不願意讓我們這樣做。

商業的崛起、崛起、再崛起

不管我們喜不喜歡，人們愈來愈依賴企業。幾乎我們的一切衣食住行和醫療都是由企業製造，愈來愈多人是透過網站或手機應用程式認識自己的伴侶，而這個過程是，沒錯，是由商業管理，例如 Match.com 和 Tinder。如果家庭生活不大順利，我們便把公司當成可喘息、尋求個人支持的地方。儘管臉書、谷歌和智慧手機近來都面臨了嚴厲的批評和檢驗，仍然是我們每一天接收及傳送訊息的管道。

總體而言，如果美國政府真的真心希望做好某件事，常常都會尋求商業界的幫忙。企業製造了大部分美國軍隊的武器系統，建造了大多數國家的道路和基礎建設，而在歐巴馬健保網站一開始無法作用時，同樣是科技公司幫了政府一把。

最重要的是，如果不是企業，你怎麼能夠這麼輕鬆就喝到星巴克（Starbucks）的獨角獸星冰樂，或者其他什麼時下最紅的咖啡因甜飲？

事實上，商業才剛剛起步。在不遠的將來，我們可以期待讓商業來為我們開車，透過線上個人助理幫我們管理更多生活大小事，還能讓精密家電連上網路、互相對話，幫我們整理整個家。商業也蒐集了相當多有關我們的數據，可能在某處的某家公司會為了某個商業目的，記錄並評量我們生活中的更多面向，而這些數據可能又會再賣給其他公司，大多數情況下我們幾乎是自動、未經思考就同意了，而不是主動意識到這樣的決定。我們在第六章會提到，在科技業中這樣逐步侵蝕個人隱私，很可能是當今美國商業最有問題的性質。

無論好壞，人們都在要求企業擔負起更多社會責任，甚至有些應該是跟政府相關的社會責任。例如，因為歐巴馬健保而增加的健康保險涵蓋範圍，有一部分是因為這套制度規定比較大型的公司，要為所有全職員工提供健保。又例如，法律規定要提高基本工資，其實這是經常不斷進行的變革，而不只是最近才有，政府便是在要求企業透過給付更高的工資來發揮某種社會福利功能。美國人也要求企業為環境保護多盡心力，通常是希望企業能夠提出新科技來解決氣候變遷的問題，不過當然要有政府從旁協助。美國為了降低貧窮問題而採取的主要措施，稱為低收入家庭福利優惠（Earned Income Tax Credit），便是透過私人企業雇主來實施，不過政府有挹注資金來補助薪資，也就是工資的補貼。

當然，我們經常是預設，好等著企業來完成這些目標。我們都是不完美而脆弱的人類，需要人幫我們做好許多事情，因為大多數人都無法想像要如何靠自己完成這些事情，就連有政府的協助也很難，所以很多事情到最後就落到企業頭上。「若有疑問，先做再說。」這是美國眾多商業活動發展迅速背後的哲學，尤其在科技業更是如此。難道優步（Uber）會想說先申請到許可，再來經營共享乘車的業務嗎？還是說，先要求公投決定是否應該把他們視為一個自治體？事實上，美國商界的科技業能夠有如此多革新、如此大幅成長，都是因為我們的公司經常都是先解決問題，之後再慢慢釐清各種細節。

我們還要靠商業來管制言論，無論這麼做是好是壞。我們的政府通常都奉行憲法第一修正案，這條法保障人民的言論自由，不過 PayPal 決定，不會為極端分子及仇恨團體處理付款。臉書也採取行動，監管網站上的廣告及貼文內容，承受的壓力也愈來愈大，包括來自使用者及自家員工的壓力，要求他們做得更多一點。谷歌開除了工程師詹姆斯．達莫爾（James Damore），因為他寫下一份如今臭名遠播的「反多元化備忘錄」，許多人認為他在備忘錄中表達出的情緒，都不利於該公司招募與晉升女性員工。YouTube 不是什麼人上傳的影片都會接受，而沃爾瑪超市（Walmart）最近也下架了《柯夢波丹》（*Cosmopolitan*）雜誌，因為雜誌內容不能說適合闔家觀賞。這些企業決策都具有爭議，但是就算有些知識分子有所抱怨，大部分美國大眾都接受這樣的安排，或許甚至還要求這麼做。再一次顯示出我們的社會系統中有多少預設條件在運作，逐漸同意讓企業能夠建立起龐大的社會影響力。

大企業是近代的人類發明，在十九世紀的美國開始出現，而我們在情感上及經驗上都還沒進化到能夠相當正確評估，尤其我想要提醒各位，不要落入某種「打地鼠」的論戰，也就是只想找藉口來反對商業。你總是能找到這樣的理由，而我也不可能考慮到每一種可能的反商業論點，而且其中有些論點當然是頗有根據。我在這本書中不會提到，外包是不是正在摧毀美國勞動力，音樂主流品牌是不是毀了搖滾樂，或者基因改造產品的潛在危險，我略過了許多主題，這裡只是舉幾個例子，而我想要做的是挑出幾個在現今新聞媒體上關鍵且經常討論到的題目，我想要呼籲各位：如果在討論這些題目時所用到的證據顯示的結論，和你先前反對商業的信念或許有所不同，請不要又換上另一套批評商業的論點，來維護自己反商業的情緒平衡，至少考慮一下這個可能，或許我們真的是貶低了美國商業，包括了那些我沒有討論到的主題。[17]

這表示美國商業值得享有更高的地位，但是我們能夠承認其價值，並捨棄夠多那些誇張的抱怨嗎？希望如此。你之所以能夠投資、在職場上發光發熱、以合理價格買到高品質的產品、旅遊，並照顧你的孩子，另外還包括生活中的許多面向，這一切或許都是多虧了商業。

第二章

商人比其他人更奸詐嗎？

廢話不多說，有許多人就是不信任商業，他們會引述各種故事，說很多公司都想榨光顧客的錢、迴避環境保護法規、苛待員工，而且通常都把獲利擺在道德作為之前。最近也有很多頭條新聞報導了詐欺案件，包括福斯汽車（Volkswagen，VW）刻意規避排放規範、醫藥生技公司 Theranos 謊稱研發出血液檢測產品，還有富國銀行（Wells Fargo）的員工，為幾百萬名毫無所知、大概也不情願的客戶假造帳戶，而從這些讓人瞠目結舌的例子中通常能得到的結論就是，企業的本質就有些不誠實。眾人都明白，想要獲利的動機會讓人做出壞事，包括在企業內亦然，不過卻很少有人認知到，企業當中要誠實行事的動機也可以相當強烈，而且確實常常是最主要的動機。在這一章中，我會從各方證據考量，討論這二種非常不同的效應相互抵銷後會造成什麼結果。

首先我們必須承認這個壞消息，也就是說，我們整個企業經濟體主要都是倚靠敲顧客竹槓而生。營養保健品這個產業價值幾十億美元，而有絕大部分可以說對顧客毫無助益，只是或許有時還能充當安慰劑。我試過用谷歌搜尋資料，看看美國人每年在陰莖增大上花了多少錢，但是層出不窮的廣告和不可靠的資料來源，讓我無法找到確切解答。通常我會更努力一點堅持下去，但是我知道如果繼續查找，陰莖增大的廣告就會出現在我的 Gmail 信箱裡，於是我就此罷手，只知道「十億」這個單位出現過好幾次。這些產品的顧客花錢買的是虛假的希望，而想要獲利的企業則慫恿他們這麼做。[1]

除了這些明顯的虛假陳述之外，更重要的是，其實在許多合法作為背後隱藏著詐欺或近似詐欺的行為。有很多牙醫師堅持要你每年做 X 光檢查，儘管這麼做不僅很花錢，也沒什麼證據顯示對你的牙齒保健有益。醫生只要多開一點抗憂鬱藥及其他藥物就能收取回扣。散戶股票經紀經常在不適當的時機勸你交易，或者鼓勵你購買收費高昂的基金，好提高自己的佣金。零售業的業務會向你兜售延長保固或維修合約，只是為了防止相對較少的金錢損失。我相信你自己也能列出這樣的敲竹槓清單。簡單來說，如果我跑進某間經銷商要買一艘帆船，而我對此一無所知，**我一開始就會先設想，賣家想從我身上大撈一筆**。

或者以食品業為例，這大概是你所能想到最主流的商業了。有一份研究顯示，超市中有百分之三十三的包裝魚種類或產地標示不確實；有些錯誤或許是因為超市和漁貨供應商都已養成無知的態度，而不是直接、刻意的謊言，但是要落實標示資訊並不困難，只是公司可能會少賣點魚。另一份研究則顯示，有百分之十五至七十五號稱是野生的鮭魚，其實是養殖的；有趣的是，很少看到會發生相反的錯誤，也就是把野生抓來的魚說成是養殖的。[2]

讀到這裡，你或許會好奇我接下來要說什麼，我這麼說不就是同意，企業經常會有不老實的行為嗎？

但在這裡，我想請各位退後一步想一想，我們是用什麼標準在衡量企業，說企業容易出現詐欺行為，其實只是將人類犯下詐欺的傾向延伸到企業上。一名主管叫自己手下的鮮魚部門，為不知名的魚類貼上虹鱒的標籤，這是一個人所做的決定。借用莎士比亞名劇《凱撒大帝》（*Julius Caesar*）中卡西烏斯（Cassius）所說的話：「親愛的布魯圖斯，錯不在我們的組織，而是我們自身。」

人無論是身處企業內或外都會欺騙，而證據顯示，這樣的人在商業情境內外，都一樣不老實。企業通常會建立組織架構來遏止詐欺行為，控制自家主管和員工的人性黑暗面，而這並不只是為了要維護企業秉持公平誠信的商界聲譽，原來這麼做還是一種非常有效的手段，不僅能夠完成工作，又能將詐欺與不老實的交易降到最低。

再說，尤其是現在，數位傳播時代已經提高了企業不誠實所要付出的代價，大企業儘管有其缺點，還是必須以最有效的方法來**限縮**詐欺行為的範圍，其實這正是大企業之所以能夠成長為大企業最初的重要因素，能夠讓顧客更加信任他們，而且這信任也有所根據。比較有可能敲你竹槓的，應該是你住家附近的電視維修員、地方診所醫生，或者甚至是你的表親，麥當勞或沃爾瑪超市則不大可能會欺騙你。道理相當簡單，麥當勞或沃爾瑪在全國或全世界都必須維護自己寶貴的商譽，也會採取行動來保護自己的品牌識別。大企業若有欺詐行為，會失去更多、受到更嚴格的監管，而且他們更傾向於依賴自身備受敬重的全國或國際品牌名稱，有多少商業價值。大多數政客或批評大企業的人太少提起這樣的比較。

現在讓我們更詳細討論這種相較之下的觀點。

相較之下，商業有多狡詐？

想要理解這個比較性的問題，我們必須先從一些非商業的情境中來思考詐欺與說謊等行為，而很遺憾的是，這些結果通常讓人開心不起來。我們先從一塊充滿欺騙的地方開始：約會網站個人檔案。

根據一項調查，有百分之五十三的人**承認**，自己在約會網站的個人檔案上說謊，當然，真實的百分比可能還更高，因為有許多騙子說自己沒說謊的時候，又是在說謊。這背後的動機很容易理解，人們會對自己的年齡、體重、財務狀況甚或是婚姻狀態撒謊。附上有時間戳記的照片已經是行之有年的慣例，大多是因為，實在太常發生有人會對自己的年齡或目前的體重撒謊。

如果你看過 Match.com 自己列出的服務條款敘述，就會知道實際上沒有什麼會被認定是說謊，你可能會覺得照片修得太誇張或者整體給人的感覺有點太過愉快、正面，但都可以接受。這個案例就能相當清楚看出，企業還是比顧客還要誠實許多。如果你認為愛情、戀愛和性是特別重要的問題，重要到讓我們需要揭開文明社會的金玉其表，而顯露真實的自我，在這層表面之下，我們會發現數不清的個人謊言與欺詐，最少就有百分之五十三的人說自己在網路上的個人檔案說謊。[3]

如果討論的是一般謊言，一份主流研究中估計每個人平均每天會說一．九六個謊，我們通常最容易對最親近的人說謊，而不是對陌生人。[4]

根據二〇〇二年麻塞諸塞大學（University of Massachusetts）的一份研究指出，在一段十分鐘的對話中，有百分之六十的成人會說至少一次謊，而愛說謊的人則平均會說到三次謊，這還只是人們**有承認**的（如果你想知道，這份研究中的男性和女性說謊頻率約莫相同）。我認為沒有哪份數據能夠充分證明人們有多常說謊，因為這大多要看談話內容的主題而定，不過無論如何，說謊其實已經深植於人類本性當中。[5]

我們對客戶提出的申請應該信任到什麼程度？在房貸申請書中，有多少比例是帶著謊言或不完整的實情？鄉村俱樂部和其他會員申請的真實性，真的都如此光明正大嗎？究竟有多少履歷表，真正能夠呈現出準確的形象？員工和應徵者會在履歷表上留空，他們被開除時說自己是「向前進」，聲稱自己擁有其實並不具備的技術和才華。這些謊言有許多都無傷大雅，但是同樣顯示出將真相延伸解釋或扭曲的傾向，實在不僅限於企業、商人和CEO。我曾經讀過一份獵人頭公司主管的評估報告，說至少有百分之四十的履歷表中明顯造假，而一份更為正式的學術研究則發現，那些寄出的履歷表中，有百分之三十一都捏造了資訊、百分之七十六誇飾了事實，而百分之五十九則省略了重要的相關資訊。[6]

或者來比較一下企業的不誠實與員工的背信行為。根據一份資料估計，在二〇一四年，零售商因商店偷竊和員工盜竊而損失了三百二十億美元，通常到最後都是顧客得付這筆帳，而不是某個住在頂樓豪華套房的肥貓，順便告訴各位，這個數字還沒有算進員工一次偷走大量貨物的紀錄。在二〇一四年，有百分之四．七的美國員工沒有通過公司的藥物檢驗，還有更多人根本就沒有出現來接受檢驗，也有其他使用藥物的員工沒有被檢驗出來，因為有人會兜售造假的尿液樣本和其他騙過檢驗的方法，或者他們在檢驗日期之前的一段時間就停止用藥了。我們不知道在這件事背後所隱藏的說謊率有多高，因為我們不知道有多少員工使用禁藥，但是這些數據仍然讓人不安，而更讓人不安的是，這些人有很多都亟需一份體面的工作。員工濫用藥物和酗酒，這當然也是一種不誠實和違背合約的行為，是許多雇主要面對的一個重大問題。[7]

現實是，企業是在一個更寬廣的環境中泅泳，他們最重要的夥伴，也就是員工和顧客，都會對他們說謊，或者至少想要對他們說謊，頻率還相當高。

要我來說，如果我想找到有哪家大企業說謊騙我的頻率，有高到像是我朋友、家人和最親近的夥伴那樣騙我，還真是很困難（你也可以問他們我多常騙他們）。當然，我經常都得跟這些夥伴相處，而大企業跟我則有點距離，無論在情感上或生理上其他方面皆然，所以我通常會在心裡刻意忽視我的親朋好友騙我的事實，這樣我才能繼續跟他們合作，享受與彼此的互動。認知失調主導了一切，不過我大部分時候都會忽略這個事實，當然，除非是這些謊言會讓我得不到想要的東西，在這種情況下，我對這些謊言就會有一些反彈，但大部分還是不會太激烈。相較之下，我倒是可以咒罵殼牌石油（Shell），時不時還開車到他們的加油站去把油箱加滿，做起來輕鬆愉快。殼牌石油或許在幾個重要議題上向我傳遞了誤導的訊息，比方說氣候變遷，但是在我和它們與銷售業務的日常互動中，它們說的是實話，例如從油槍中加到我汽車裡的確實是可用的汽油，而招牌上的價格也符合我實際上被收取的費用等等。在殼牌和消費者的商業互動中，它們盡量表現誠實並直率，只是它們的部分遊說作為比較有問題。

我知道有一項研究的主題是，圖書館裡哪種書最常被偷。你或許會認為這些小偷可能私心對商業比較有興趣，應該會針對如何賺更多錢、建造大型商業帝國等商業教學書籍下手，畢竟批評商業的人都認為，那些有商業頭腦的人是美國社會中最不誠實的一群人。但不對，數據說的是另外一回事，最有可能被偷走的圖書館藏書是**關於道德的書**，尤其是那些研究道德哲學的教授和研究所學生們可能會讀到的書，那些書丟失的機率比起其他和道德無關的書籍，高出了百分之五十至一百五十，另外不知道這樣能不能安慰到各位讀者，尼采（Nietzsche）的著作是最容易被偷的，另一個目標則是蘇格蘭哲學家阿拉斯代爾・麥金泰爾（Alasdair MacIntyre）的《德行之後》（*After Virtue*）。還是那句話，或許商人並不是最不誠實的一群人。[8]

順便告訴各位，如果你問問道德學者的同儕認為這些學者的行為表現如何，這些同儕通常認為他們的行為並不比非研究道德的哲學家好到哪裡去。學者也研究過哲學專家學者和其觀眾在學術研討會的行為，參與道德論壇的人同樣也會在講者演講時，還大聲聊天，進入或離開會場時讓門大聲關上，然後在演講結束後離開時留下一團混亂或垃圾。不過讓人振奮的消息是，參加環境道德議題研討會的人就比較不會留下垃圾。比較有趣的冷知識是，特別是在對女性比較有敵意、比較可能發生性騷擾事件和醜聞的文化中，更會舉辦許多關於哲學專業和道德的演講。[9]

有一項針對谷歌搜尋的研究是，根據該公司的內部數據，同樣也指出人們很容易就會說謊捏造自己真實的想望和行為，而這就形成了一整本書的主題，也就是賽斯・史蒂芬斯－大衛德維茲（Seth Stephens-Davidowitz）的《數據、謊言與真相》（*Everybody Lies*，編按：繁體中文版由商周出版）。我們會對自己的性偏好說謊、對自己的偏見程度說謊、對自己如何運用時間說謊，甚至會為自己的謊言說謊。這裡只是那本書中所發掘出的其中一項當頭棒喝的真相，在任何一個美國城市中，谷歌搜尋的關鍵字跟失業率相關程度最密切的字詞，或許跟搜尋職缺無關，而是「Slutload」，這是一個知名的色情網站。[10]

考慮到這整個背景，我想我應該埋首研究文獻，盡量尋找各種可能的衡量標準來評估商業詐欺，並與非商業的類似情境比較。現有的評量方法都不夠精確，但確實提出許多證據顯示，在非商業的機構中出現的詐欺行為不比商業機構少，有時候甚至還更多。以下是我的發現。

稅務差額

要比較個人或企業何者比較容易出現詐欺行為，一個簡單的方法就是從逃漏稅來看。美國國稅局（Internal Revenue Service）會定期估算一個叫做「稅務差額」（tax gap）的東西，簡單來說就是估算有多少應該依法繳稅的人（以及企業），其實沒有繳稅，而稅務差額的另一個名稱就是，對，逃漏稅。

我所能找到的最新稅務差額估算是從二〇〇八至二〇一〇年，這是以年平均數來計算，以「個人所得稅」這項而言，那幾年的平均稅務差額是兩千六百四十億美元。注意，這個數字也包含了以個人申報單所報出的企業所得，但基本上這些都是個人所做的決定，而不是更為正式、有組織性的企業決策。[11]

同樣的期間，企業所得稅的稅務差額平均為四百一十億美元，比個人的稅務差額要小得多，事實上，個人所得稅差額是企業差額的六倍以上。

當然這樣的比較本身並不能證明什麼，因為還要考慮到，個人所得稅稅務範圍和企業所得稅範圍的大小相對差距，以及其他因素等等，不過我們可以做到這點，例如如果我們比較二〇一〇年，從個人所得稅和從企業所得稅分別徵得的整體稅收，比例大約是四．七比一。

那麼來整理一下這個簡單的對比，從稅收來看，個人所得稅是企業所得稅的四．七倍，相對的「詐欺因子」則約為六比一，因為個人所得稅發生的逃漏稅要更多。從這些簡單的比例來看，顯然個人比企業更容易會逃漏稅。[12]

實驗室賽局中的CEO

奧地利經濟學家恩斯特．費爾（Ernst Fehr）與美國經濟學家約翰．李斯特（John A. List）是實驗經濟學領域中，二位最知名的學者，設計了一場所謂的「信任遊戲」，並比較CEO參與者與非CEO參與者的表現，結果相當清楚明白：CEO不但更願意相信他人，本身也展現出更值得信任的特質。[13]

實驗修改了傳統的信任賽局，這種賽局可以用來評估個人之間存在多少信任。在遊戲中，實驗者將受試者匿名分組，而其中一個人會拿到一定數額的金錢，然後告訴他，他可以選擇給另一方一些、全部的錢，或者完全不給。他每給夥伴一塊錢，夥伴就會再多拿到三塊錢，而給予者能夠增加兩人的總財產，但自己卻要有所付出，他確實有權力要求對方付還他一定數額的金錢，不過對方不一定要遵從他的要求。

這場賽局中有幾層決定，例如要給予多少，以及該要求付還多少，而接受者本身也要決定，如果對方先提出要求，要付還多少（這個實驗的另一種版本是，如果接受者沒有回應給予者的付還要求，也可能要付出一定的小額罰款）。當然，如果是真心願意信任的人，在一開始就會給予很多，而不會要求付還太多，那麼這筆資金就會有一點回報，讓二位參與者都更有錢，但是這並非必然。類似的狀況是，**值得**信任的人也會付還對方要求的數額，足以讓兩位參與者都更有錢。在每一次該做決定的時機，信任和誠信都有助於創造雙贏的局面，而疑心病太重則會阻撓這樣的結局。

在這個情境下，CEO做為給予者是比較願意信任的，而做為接受者也更值得信任，他們一開始就會給予更多金錢，而做為接受者時，無論需不需要考慮到罰款的情況，都會付還更多的錢。也就是說，CEO擔任賽局的任一方表現都更好，能夠創造誠信、雙贏的互動。注意，賽局中如果祭出罰款的手段通常會收到反效果：接受者面對這樣的威脅，都會付還較少金錢，這也表示CEO整體所得到的金錢回饋更高。CEO會比非CEO參與者更有可能仰賴彼此的信任，而不是罰款的威脅。這個賽局可以變換很多種玩法，但是CEO一直都能表現出更好的誠信。

當然這樣的證據完全不能說有決定性，這只是在實驗室中進行的賽局而不是現實世界，而且金錢的獎賞很少，跟參與者的生活經驗也沒有關聯。另外，實驗是在哥斯大黎加進行，所以參與的非CEO是學生，也是哥斯大黎加人，而CEO則是由哥斯大黎加的咖啡業者來擔任，若是其他組成或許就不會有類似的結果。不過無論如何，我們要研究CEO與其他一般人的誠信度比較，這個實驗仍然是最清楚的研究，而在這個案例中，CEO還是繳出了漂亮的成績單。

跨文化遊戲理論

另一類證據則在思考來自不同文化背景的人，在經濟遊戲中會有什麼行為，根據他們是否選擇有所行動。例如，哈佛人類學家約瑟夫・亨里奇（Joseph Henrich）就透過最後通牒賽局，來了解跨文化的不同之處，並且頗有進展。這種賽局有二人參加，由一人提出如何將一筆錢分配給雙方，例如各拿一半，但是如果有一方認為原先的提議太不公平，另一方可以選擇拒絕，那麼雙方都拿不到獎賞。

亨里奇在馬奇根加族（Machiguenga）中進行了大規模的最後通牒賽局研究，這個部族的人居住在祕魯的亞馬遜雨林中，相較之下較少有市場交易活動，也不大了解正式商業的營運方式，而且政治複雜程度很低。他們的部落很小也算與世隔絕，亨里奇寫道：「超過家庭層次以上的合作幾乎不存在，除了合作以毒餌捕魚之外。」這是他們捕魚的方式。[14]

亨里奇和他的同仁延伸了這份研究，觀察各種不同社會中的參與者在賽局的行為，並且實驗了更多種賽局，他的基本結論是，在市場發展成熟的社會中，對於公平和分享的規範最為強烈，而且更想要處罰那些在一開始提議中，並未內化這些規範的人。整體說來，商業化較高的社會更願意跳脫緊密的親友圈而與外人合作，其核心訊息是，商業化與擁有成熟市場的社會更容易孕育出誠信互惠的合作行為。事實上，十八世紀啟蒙運動有很多思想家都提出過這樣的假設，這並非偶然，像是法國的孟德斯鳩（Montesquieu），和其他第一次觀察到商業社會大規模崛起的思想家，都曾如此說道。[15]

重點是要了解為什麼商業可能會引發這麼高的信任感。就像我在第一章提過的，要提升企業獲利最有效的方法，就是讓員工相信自己工作的目標，並非只是純粹要將獲利最大化；他們必須相信其他的人性價值，必須相信自己會讓世界變得更美好，而且必須相信彼此之間的忠誠。這樣的矛盾在人類行為中相當常見，如果你一心一意把目標只放在快樂上，最後可能不會那麼快樂，倒不如專心在具體的成就和建立人際連結上。如果你想要放鬆，或是費心想要睡著，又或是太過努力要談戀愛，可能就會覺得這些目標更難達成。在人類行為和商業中皆然，大部分改善工作都是間接完成的，這表示有許多美國企業會大量投資在建立信任與合作關係上，並且確保他們的員工會從內心相信這些相同的價值。[16]

當企業把某些社會目標放在獲利之前，至少在某些特定決策時這麼做，企業本身通常會是最大的受益者。有愈來愈多證據顯示，企業**文化**是企業**成功**（或失敗）的主要推動力。我所謂的企業文化是指價值觀、規範，以及在個別公司內含的所有正式與非正式組織，包括那些與信任和誠信相關的一切。可以說，企業文化就是員工在沒有人看的情況下會做的事，還有員工期待其他人會有什麼樣的行為、他們如何擬定工作任務，以及員工認為公司的真正任務是什麼。我和CEO或公司創辦人談話時覺得很驚訝，因為他們時常引述自己的企業文化，認為這是競爭優勢或持續獲利的終極因素。許多公司在早期能夠逐漸興盛，是因為他們推出了競爭者尚未發展出的新產品或新點子；但時間一久，其他供應商迎頭趕上，並努力打造出品質相當的產品，此時要保持、維護、甚或增加競爭優勢。真正成功的公司就會運用最初的產品或服務為基礎，發展出引人注目的遠景，為員工打造出一套文化作為，並且在公司內部選出一批有才幹的人，同樣具備一種特殊的合作熱忱，因為他們相信自己的工作真的非常重要。如果做得好（無論是刻意為之，或者更有可能是不那麼仔細計畫下演進的結果），那些規範和組織可以讓公司領先業界很長一段時間。

有一份調查是針對一千三百四十八家北美公司的高階主管，回覆的答案也再次證實了企業文化的重要性。調查中有超過半數的主管都指出，企業文化是公司價值的三大驅動力之一，而且在調查對象中有百分之九十二都認為，更優良的企業文化會讓他們的公司更加有價值，樣本中只有百分之十六相信自家公司目前的企業文化已經很令人滿意，有超過半數的主管說，在他們打算買下某家公司時，若是對方公司的企業文化跟自家的不甚相符，他們便會放棄併購的計畫。也就是說，企業領袖都非常努力在自己的企業中打造「不只是為了賺大錢」的文化。[17]

如果開了一間新的連鎖速食餐廳，像是Shake Shack，標榜著提供某種更好的飲食體驗，有幾百萬人都願意嘗鮮，而不會有太多人覺得自己得先等個一年，看看其他消費者有沒有因為其產品受害。消費者對大企業都抱持著相同的信任期待，看到市面上出現了新車、新的社交媒體服務等等產品就會想試試看。我不是說消費一定都會喜歡或者想要這些新產品，而是要說信任似乎不是最主要的問題。美國人尤其出名的就是願意嘗試新產品，特別是大企業推出的產品，還記得iPhone首度問世的時候嗎？有很多人會基於種種理由，像是手機可能會側錄對話或追蹤行蹤，然後這些資料會用來對付自己，於是便不買了嗎？是啦，有幾個人因為這些理由而猶豫了（我得說，這些人或許挺有遠見的），不過再強調一次，絕大多數美國人都十分願意信任蘋果公司和相關的數據與服務供應商。

信任會隨著財富增加嗎？

還有更多證據顯示，愈富裕、愈以商業為導向的國家，就愈有可能造就高度誠信。保羅．扎克（Paul J. Zak）和史蒂芬．奈克（Stephen Knack）二位經濟學家便決定要研究其中的關聯。首先，他們使用世界價值觀調查（World Values Survey）的問卷，來衡量哪一國的國民展現出最高的誠信，例如有個問題是要求受試者，從下列論述中二選一：「大多數人都值得信任」或者「與人往來再怎麼謹慎都不為過」。各國的答案有相當顯著的差異，祕魯只有百分之五．五的正面答案，是最低分，而挪威則拿到最高分的百分之六十一．二正面答案，也就是說挪威人的信任度似乎比祕魯人高出許多（要注意這些問題的訪查時間是在一九八一年、一九九〇至一九九一年，以及一九九五至一九九六年間進行，當時祕魯的情況要比現今更為糟糕）。有四十一個市場經濟體的數據資料，其調查目的就是希望能夠代表全國的情況。[18]

扎克和奈克的研究清楚顯示出，在信任度與人均收入（per capita income）之間有關聯，例如挪威、瑞典、韓國，和多數英美國家，都是信任度相對較高的國家，而且也相當富裕，而信任度最低的二個國家是祕魯和菲律賓，也是較為貧窮的國家。整體而言，商業環境發展完備的國家通常也會擁有較高信任度。

在這樣的研究中，通常都很難清楚分辨何為因、何為果。就某種程度而言，商業能夠發展蓬勃是因為普遍信任。不過另一方面，頻繁的商業互動也容易提高信任度，最有可能的是二種結果的發展會互相增強，這表示商業和信任感確實是共生共榮。

非營利與營利組織

另一個或許可以檢驗商業誠信的方法，就是比較非營利及營利組織，如果你認為營利會造成腐敗，那麼可能會認為非營利組織應該尤其值得信任。但是，證據會說明營利和非營利組織的營運方式通常相當類似，至少如果我們比較的是處在相同基礎經濟區塊的企業，確是如此（當然有例外，我會考慮在內）。

這樣的檢驗很棘手，因為在大部分情況下，非營利組織和企業所進行的活動都大不相同，有時也無法比較，若是提起缺陷兒基金會（March of Dimes）比起美國鋼鐵公司（U.S. Steel）更為利他，這個論點也不適合用來批評商業。一來，慈善事業的資金通常來自於商業運作所賺來的財富，還有商人的捐獻；所以說慈善事業利他並不正確，而是捐獻者懷著利他之心；而且慈善事業一般不能夠廣伸觸角，而侷限在因商業而創造的財富捐獻准許它們的範圍。

再說，非營利組織中也有相當多不老實和詐欺行為，除了許多明目張膽的詐欺案例值得上新聞頭條，業界內也有很多人知道許多非營利組織會操弄評估項目，這樣運用在募款或日常開支的資源帳目，看起來就能比實際開銷還低。許多慈善事業和非營利組織其實並沒有改變世界、讓世界變得更好，或者也完全交不出什麼有用的產品，而只是持續進行注定失敗的工作，毫無影響力。不過對大部分商界企業來說，就不是這麼一回事了，至少長時間下來不會如此。如果想到「非營利壽司」，我的第一直覺是逃走而非接納。

如果我們檢視醫院，從營運方式或最後成果而言，會發現營利和非營利醫院並沒有太大差異。例如在加州就有一份研究發現，當非營利醫院有一點影響市場的能力時，也就有了一點不受商業限制的運作空間，它們便再也不會提供慈善照護，或任何無法營利的服務（一般包括精神照護、戒斷、急診室服務、創傷服務、燒燙傷照護，以及產婦分娩），轉而投向營利服務。但是在美國有百分之五十八的非聯邦急症照護綜合醫院都是非營利醫院，而這些醫院可以享有相當有利的免稅待遇。不過還不只是這一份研究，有許多證據都指出營利及非營利醫院的作為其實大同小異，例如在一部分醫院轉為營利狀態後，其死亡率並未改變，接受聯邦醫療補助（Medicaid）、非裔或西語裔的美籍病人比例也沒有改變。有一份較早的研究是在二〇〇〇年進行的，顯示出無論如何，營利醫院所能提供的照護都比較好。一份二〇〇七年的研究則發現，營利醫院的病人健康成效不但不會較差，在照護病情較嚴重的病人時也不會偷懶。[19]這一切又同樣指出，營利的動機其實並不會讓人的行為沉淪太多。

有一個區塊中的營利組織，看起來是比非營利組織更容易出現詐欺行為，那就是高等教育，事實已經愈來愈明顯，有許多營利教育機構收取高額學費並鼓勵學生不斷借學貸，卻**完全無法**讓這些學生更有機會就業，又或許只能增加一點點機會。因此，你可以考慮將這點當成一項證據，用來為非營利組織的誠信辯護。但是整體的計算結果不是那麼簡單，這些數據並無法證明所有商業行為都有罪，而是只能說營利企業並不適合教育界中的這塊領域，其他還有許多營利的教育商業活動，包括科學書籍出版社、軟體公司，還有蘋果公司等等，在廉潔、誠實和守信等方面的紀錄都相當良好，就只有那一種營利教育機構似乎太常敲人竹槓。若是忽略這個例外，數據顯示非營利組織的行為並沒有明顯更加誠實。

我們自身對商業的了解有失公允

我經常發現在討論企業行為的研究時，總會語帶不公的批評，就舉一個例子，像是英國醫師兼科學作家班・高達可（Ben Goldacre）的知名著作《壞醫藥》（暫譯，*Bad Pharma*），高達可這個聰明到有點討厭的人在書中強調，需要制定科學的標準，因為他身邊的人都在兜售魔法和蛇油這種騙人的東西。我完全贊成，但是他這本書完整的書名是《壞醫藥：藥廠如何誤導醫生並傷害病人》（暫譯，原書名 *Bad Pharma: How Drug Companies Mislead Doctors and Harm Patients*），正好示範了目前的論述有多麼偏頗，而對企業不利。

我仔細讀過高達可的書，發現他的許多指控都是有憑有據，藥廠經常推銷的藥品，在特定狀況下根本沒有幫助；他們賄賂醫師，醫師就會有意無意多開一些處方藥；他們隱瞞試驗結果，但其實不應該這麼做；而且在近幾年來，藥廠並沒有發明這麼多神奇的新藥。高達可有權對這些濫用弊端怒而宣戰，但是我會給這本書非常不一樣的書名，例如說不要取《壞醫藥》，我可能會改成《其實還可以更好的醫藥：腐敗行為如何貶低了對我們最有益的一種行業》（暫譯，*Not Nearly as Good as It Could Be Pharma: How Corruption Is Diminishing One of Our Great Benefactors*）。

哥倫比亞大學商學院的法蘭克・利希滕伯格（Frank Lichtenberg）可以說是研究藥廠益處中數一數二的經濟學專家，他指出藥廠拯救人命的成本非常低，大約一年只要花一萬兩千九百元美元就能拯救生命，同時也提出證據說，在一九九六年至二〇〇三年間，美國年老人口的預期壽命成長幅度中，有三分之二是多虧了處方藥（總增加〇・六年中的〇・四一至〇・四七年）。而且在利希滕伯格的研究中，還有更有力的證據證明，藥物是所有醫療手段中最有效的其中一種。這份研究尚未有人認真質疑過，更別說是高達可，根本提都沒提，在他書中的索引找不到利希滕伯格的名字，也找不到「創新」（innovation）一詞。你會發現許多單方面說詞，合理化藥廠的缺點，就問問感染了HIV陽性的病患，他們在一九九〇年代早期原本準備赴死，卻發現有一種新藥，只要及時接受治療，就能擁有和一般人同樣的平均預期壽命。[20]

我挑高達可的毛病並不是因為他的書寫得很差，而是因為他的書通常都寫得很好，只是缺乏了平衡觀點，講到企業的時候就會顯露出他的偏見，而他自己有時對經濟學的應用並不正確，或至少可以說是不平衡的經濟學應用。對了，我在自己的部落格上表達這些觀點時，高達可確實也多次回覆，提供各種不同論點，或許都很對，例如為什麼藥廠絕對不應該隱瞞試驗結果，不過對於他為什麼要把書名取為《壞醫藥》，就沒什麼反擊了，很可能這是因為他的壞出版公司（Bad Publishing Company）想要多賣幾本書，所以需要一個響亮的書名。也許高達可就像他批評的那些醫藥公司一樣，同樣在做好事，卻有想獲利的動機？

媒體在報導商業新聞時，同樣也會出現這種不平衡的現象，近來有一項研究指出，CEO和其他高階主管比起多數大眾，都更有可能展現出心理變態的特質。根據一篇由奈森．布魯克斯（Nathan Brooks）和卡塔莉娜．費茲翁（Katarina Fritzon）二位研究學者發表的文章，企業領導者之中為心理變態的比率，可能落在百分之四至二十，而總人口當中的占比可能的預測值則是約百分之一。當然，只要用常識想一想，我們就會知道自己應該要謹慎看待這個結果，例如以研究者的標準，他們可能會把企業領導者歸入有心理變態傾向的類別，但這些人其實完全不會造成傷害或危險，像是企業領導者只要展現出「自命不凡、剛愎自用、自以為是」等特徵，就足以被稱為心理變態，而且以研究者的標準來看，自稱「我不會害怕做出大膽的商業決策」，同樣也表現出這種特質，也就是說，能夠展現出無所畏懼而果斷決定的特徵，卻也符合研究者在心理變態身上看見的性格。真的嗎？神奇的是媒體卻照單全收，還真的大力宣傳這項研究和相關的研究發現。順帶一提，這篇文章後來被撤回了，只是撤回論文的報導，當然就不比一開始報導論文內容那般熱烈了。[21]

媒體報導動機的本質就是如此，大部分媒體都想要報導能夠吸引注意力的新聞，因此其中也有壞消息，也包括了商業新聞。「美國企業繼續保持奇蹟紀錄，製造許多物品，並雇用數百萬人力」，這樣的頭條新聞實在無法吸引人繼續讀下去。

好消息

即使你擔心企業會偏好不值得信任的行為，如今網路和社群媒體崛起，會讓他們有更強烈的動機要誠實行事，因為不道德的商業作為可能會導致代價高昂的名譽損失。如果有家餐廳想要敲詐顧客而把價錢訂得太高，就很有可能會被人在社群網站上告發，而這個紀錄會留存很久。更廣泛來說，網路上對於企業的產品品質各個面向品頭論足，而最重要的是，這些資訊是人人都能輕鬆就取得、看見的，這樣的資訊會讓消費者遠離糟糕的企業，而誘使多數企業在一開始就採取更誠信正直的態度。即使企業是要對觀光客兜售商品，這樣的機制仍然有效，因為他們可能會在網路上評論。如果現今的大企業有學到什麼教訓，那就是他們必須盡量迅速為自己的錯誤道歉，以免社群媒體上醞釀出對抗它們的風暴。

至於專業服務方面，過去只有專家才能取得的資訊，如今也廣為流通了，因此牙醫們也就更難跟病人推銷不必要的療程。如果你在谷歌搜尋「我真的需要根管治療嗎？」就能找到幾個相當可靠的資料來源，建議你或許不需要。醫師的病人會問更多問題，並且大致上似乎也愈來愈希望能夠得到優質服務。而如果你懷疑在家中地下室發現的到底是不是白蟻，只要把你所看見的生物，拿來跟網路上的照片和敘述相比較，再決定要不要花大把鈔票請人來除白蟻。

消費者資訊對管束企業非常有效，特別是商業競爭讓人有機會到別處去消費。在大多數經濟領域中，網路都帶來了數量更龐大的選擇與資訊。

最後，任何對商業的評價難免都是比較之下的結果，我們已經檢視過非營利組織，那麼現在就來看看政府，同樣也是大型而重要的機構，可能還是管制商業的組織，試問政府是否近來也變得更有誠信。我認為有相當多證據證明並沒有，至少從選民的角度來看沒有。對國會的信任度比率一直屢創新低，通常不到百分之十，而川普當選總統、英國公投通過脫歐，經常也被解釋為選民抗議政治菁英那種腐敗、謊言、自以為是、自鳴得意、彷彿一切如常的態度，或者至少許多時事評論者就是這樣看待一切。

這樣的世界聽起來有愈來愈信任政府與其誠信嗎？整體說來，我觀察到對主流商業的信任度是愈來愈高，而對政府則是愈來愈低，考慮到我們都仰賴經商的企業，來提供眾多生活所需、所想要的物品，這樣的差異相當重要。誠信是一個關鍵因素，影響到生活是否值得、關係如何維繫，以及為什麼某些國家的生活比其他國家更讓人嚮往。既然商業的誠信度較高，而政府誠信度較低，我就覺得很奇怪，為什麼有這麼多人看著數據，還會認為應該要讓政府有更多權力來管制企業。

實在不是每個美國人都了解自己國家的公司運作得有多好。

第三章

執行長太高薪了嗎？

與企業有關的這些信任問題中，一個是關係到高階主管的薪水。許多知識分子和記者認為CEO的薪水太高了（或者相對於員工是太高了），說CEO操縱了薪資系統，還說CEO的薪水和正面成果並無明顯的密切關聯。不久之前，愛麗諾·布洛斯罕（Eleanor Bloxham）偏偏就選擇在《財富》（*Fortune*）雜誌撰稿發表，將CEO的高薪現象形容為「大肆破壞我們經濟的無聲殺手」。查爾斯·埃爾森（Charles M. Elson）則在《哈佛商業評論》（*Harvard Business Review*）中指稱，CEO把自家公司當成了提款機。[1]

但是事實更有可能是這樣，CEO的薪資大多是跟競爭有關，在這裡指的是對可用之才的追求。為什麼企業可能會願意捧著大把鈔票來尋找頂尖的領導者才？我們會發現對董事會和股東來說，推動企業的創造力對他們是最有利的，而高薪聘請的CEO則是這套方案的一部分。我們都經常聽說，企業會互相競爭來服務消費者。不過，另一種說法則是，企業互相競爭來聘雇最好的人才，而這就表示要付出高薪，連帶也會影響到公司的獲利和績效。

若是一套體制中，會把金錢和績效點數這樣集中獎勵在少數人身上，你或許就能知道會有更多人對這樣的過程有所怨懟而非喜悅。我們的反應是，將CEO變成某種公開獻祭的祭品，拆解他們的一言一行，加入惡意扭曲的動機，批評他們的薪水，並且把所有我們對資本主義的不滿統統發洩在他們身上。

CEO的薪資既是實際議題（如何激勵績效最好的人做好工作），也是道德議題（人所拿到的薪水，是否在某方面而言，是與他們附加的價值有關）。圍繞著CEO薪水的辯論，反映出我們如何面對身邊的菁英、我們是否能好好處理獎勵落在失敗之人手上的情況，以及我們如何面對人生中有些人就是天縱英明的事實。

我們對美國企業有許多具代表性的評論，一想到獎勵最為豐厚的那些人拿到高薪時，態度便會謹慎許多。此時你大概也能猜想得到，我覺得這套系統運作得相當好，儘管也有瑕疵，確實是值得更多一些讚賞而非批評，同時也有助於推動美國發展出如此眾多跨國公司企業。

我想跳脫說故事的模式，而只要問幾個有關美國CEO的簡單問題，**檢視整體的數據**。他們的薪水確實是增長了，頂尖的CEO薪水可能是一般員工的三百倍，而自一九七〇年代中期起，公開上市的美國大公司CEO薪水便已經增加約百分之五百，到了一九九〇年代更有許多大幅加薪的最高紀錄，大部分是透過股權性獎酬（equity-based compensation）。在最新的資料中，屬於美國前三百五十大公司的頂尖企業中，常見的CEO職位一年薪資便有一千八百七十萬美元。[2]

那麼為什麼他們的薪資會增加這麼多？高薪是供需的正常結果嗎？也就是說其實並沒有那麼多人有能力領導大公司嗎？或者，是不是有很多美國的頂尖CEO可能敲了自家公司的竹槓？我們接下來會看到對美國企業領導者的描述，其實都相當正面，尤其CEO薪資**大部分**（並非完全）反映出有才之人對相當重要的公司有何生產力貢獻，而不是貪腐、尋租（rent-seeking）[3]及增加個人財富。

要理解CEO薪資的成長，最好的模型就是在一個頂尖公司的商機迅速成長的世界中，CEO人才卻有限，最高階的人選難求，有時候便會讓企業董事會在聘雇時犯錯或執迷不悟。但整體說來，這套流程的運作相當良好，可以將人才分配到重要職位上並維持他們的動機；換句話說，在CEO薪資這個議題上我們（大）可以信任企業。[4]

美國薪資最高的百分之一人口所付出的辛勞，一直是相當積極推動全球經濟的因素之一，有許多證據表明，美國CEO在支持提高生產力方面是全世界表現最佳，而且他們在工作上要面對比以往更為嚴格而完整的企業規範。美國CEO已經領先全球，將科技整合到公司組織當中，讓公司更有競爭力，因此能夠讓員工享有更高薪資。

經濟學家在討論CEO一職時，有時會說他們是「偏向技術人力的技術變動」（skill-biased technical change）因素的偶然受益者，這個詞彙是用來指稱能提高技術人力受益的新科技，例如電子郵件和智慧手機讓人能更輕鬆遠距管理全球供應鏈，因此讓許多跨國企業優秀主管更有影響力，最後就會提高他們的薪酬。但是偏向技術人力的技術變動並不是從天而降，而是因為幾位CEO的真知灼見，他們深信其可能並堅持執行到底。史蒂夫・賈伯斯（Steve Jobs）**預見**並**決定**iPhone可藉由全球整合的供應鏈來生產，最後在中國組裝完成並銷往全球，然後他擬定出流程並付諸實現，當然其中少不了許多員工和其他ＣＥＯ的幫忙。這種話說出來並不中聽，不過ＣＥＯ的薪水之所以能夠這麼高，一個原因就是ＣＥＯ本身確實有所成長，勝過了美國經濟中其他眾多勞工的表現。

ＣＥＯ的薪水來自創造價值

我們來想想一個簡單的情境。ＣＥＯ薪資成長一個最驚人的特點就是，其漲幅跟美國股市的整體表現息息相關，當然也有薪資過高的個案存在，不過整體說來，決定ＣＥＯ薪資的因素並不是那麼神祕，也不見得就一定是貪腐的象徵。事實上，頂尖公司的ＣＥＯ薪酬整體上大多是隨著公司股價上揚而成長，而大多是因為在ＣＥＯ薪酬方案中，有一部分包含了持股和選擇權。[5]

澤維爾・加貝克斯（Xavier Gabaix）和奧古斯丁・蘭迪爾（Augustin Landier）二位經濟學家，便針對公司市值和ＣＥＯ薪資間的關聯進行更系統性的研究，加貝克斯和蘭迪爾指出，在簡單的供需模型中，ＣＥＯ薪資應該會大致隨著典型公司的市值升跌而變動，當公司市值漲得更高（比較多的情況是這樣），它們就會願意付出更高的薪水來吸引ＣＥＯ人才，在相當普遍的假設下，如此便會造成ＣＥＯ薪資上漲的幅度大致符合公司市值的上漲幅度。如果公司付薪水給CEO以增加公司市值，而附加價值上升，那麼這些CEO就會賺來更多錢。在二〇〇〇至二〇〇五年間，在美國前五十大公司中，傳統的三大主管（也就是公司中三個最重要的職位）所持有的有效股權超過三千一百萬美元。[6]

因此在一九八〇至二〇〇三年間，CEO薪資平均增加了六倍，就能解釋成主要是因為在同樣時間內，市場資本平均也增加了六倍。加貝克斯和蘭迪爾後來又跟朱利安．索伐格納（Julien Sauvagnat）一同進行研究，同樣顯示出在時機不好時，CEO薪資便會下降，而且比例大致也符合公司損失的價值。同時，董事會也愈來愈傾向投票否決，或至少是質疑，為CEO大幅加薪的提案，也就是說薪資也不是只會往上調整，因為公司體系中有內建的檢驗和平衡機制，更多的是市場本身的制衡效果。[7]

另外我還發現，有些成功的美國CEO也會大力批評CEO薪資，只是批評的是**其他公司的領導者**，居然有這麼多CEO認為「其他CEO」不值得拿這麼高薪，實在很驚人。我覺得這有一點像是，某些頂尖運動員開口就會想要說其他頂尖運動員的壞話，像是我曾經訪問過前湖人隊中鋒卡里姆．阿布都—賈霸（Kareem Abdul-Jabbar），他就把達拉斯獨行俠隊的前鋒德克．諾威斯基（Dirk Nowitzki）說成是「只懂一招的小馬」，因為他老是在跳投（還投進！）。如果二位運動員都進了名人堂，或者即將進入名人堂，又或者分處敵對的隊伍，這樣的酸言酸語就更是常見，近來查爾斯．巴克利（Charles Barkley）和勒布朗．詹姆斯（LeBron James）也會互相嘲笑。有時候這些批評是有道理的，例如波士頓塞爾提克隊的賴瑞・柏德（Larry Bird），在防守時就不是那麼守規矩，或者側向移動時也很多小動作。但是在企業界中，股價和 CEO 薪資之間的密切連動就表示這樣的批評對整套系統而言並不合理，只能說針對某些個案的評論有理而已。

跟頂尖 NBA 運動員來相比很有用，如果細看 NBA 歷史上表現最好的幾隊，幾乎總是圍繞著（至少）一名球員，他們是 NBA 數一數二的球員，而且表現也處於（或接近）巔峰狀態，例如比爾・羅素（Bill Russell）、魔術強森（Magic Johnson）、賴瑞・柏德、麥可・喬丹（Michael Jordan）、勒布朗・詹姆斯，還有史蒂芬・柯瑞（Stephen Curry），都是這個現象中幾個比較有名的例子。球隊之所以付給這些球員高薪，也是基於這個主要原因：他們都是可遇不可求的球員，而且在適當情況下就能帶來很高價值。

同時，不是押寶在大明星，或者可能會成為大明星的人身上，就一定會成功，紐約尼克隊在卡梅洛・安東尼（Carmelo Anthony）身上投資了數百萬美元，而他如今已經三十好幾，尼克隊的戰績還是不上不下，最後便把他以相對少的報酬交易到奧克拉荷馬雷霆隊，可以說安東尼的表現並不值得拿這麼高的薪水（不過也別忘了怪罪其他隊員，還有教練和領隊）。不過安東尼怎麼能拿到這份薪水？是他操弄了紐約尼克隊背後金主公司的股東和董事會嗎？不，安東尼提供的是一種承諾，他身為一個戰功彪炳、還處在巔峰時期的一流明星球員，不但很難找到，而且還可能大幅提升球隊的價值。**他之所以能拿到高到不合理的薪水，正是因為這樣的合約通常都管用，而且管用的時候還能有豐厚獲益**。

頂尖公司裡的CEO也是同樣的道理，一位優秀的CEO就非常值得，而且要尋才留才都不簡單，結果有些公司就會付給企業界的卡梅洛・安東尼過高的薪水。這其實是因為最優秀的CEO人才如此重要又難尋，而且人有時總會犯錯，其中也包括了公司董事會裡的人，並不代表商業體系是道德破產。這或許是批評CEO薪資的那些人最難理解的事實，因為他們都落入了逐案檢視證據的評論方法，而非檢視遊戲規則是否能夠產出良好的實行結果。當然從另一方面來看，最為優秀的CEO，包括新創公司的創辦人，也可能被綁在較為低薪的合約裡，比不上他們為公司所創造的價值。

基本上你必須想像薪水過高的CEO，就像是企業界中的卡梅洛・安東尼，他們能拿這麼高的薪水，正是因為大家都拚命想找到下一個麥可・喬丹或勒布朗・詹姆斯，而那種真正世界第一的才華真的很難找，結果就會有些薪水合約事後看起來不是那麼明智。

再進一步延伸這套用籃球明星的類比，想想下面這個例子：從一九二六年起，美國股市的**整體**上揚，都可歸功於業績表現在前百分之四的企業，這指出公司內擁有適當的營運方式有多麼重要，而在這些成功背後，企業領導絕對不是唯一的因素，而是有許多不同的正面因素交互作用而產生的豐富成果，其中包括了CEO的能力。另一份最近的研究顯然是比較主觀性的，調查了一百一十三位大公司的董事，平均說來，這些董事都相信全世界要找到像他們目前的CEO這樣有才有識者，大概不出四個人，也就是說，不管你是不是同意確切的預估數字，真正優秀的CEO非常、非常難得。[8]而如果你擁有極度珍貴的稀有資源，那份資源的成本就會變得很高。

現代CEO的技能包

今日的CEO，至少是美國大公司的CEO，一定都具備許多技能，而不只能夠「管理公司」，不像比較早期使用這個名詞的意思，也就是如何營運其核心業務，不管是設置鑽油平台或製造家具。現在的世界愈來愈金融化，CEO必須對金融市場與如何運用具有相當認識，或許甚至要知道公司應該如何在其中交易。例如說，近來的大型石油公司經常會在商品和衍生性金融商品交易中扮演重要角色，因此光是理解德州的鑽油平台已經不足夠了。外面的人必須信任CEO對金融市場有足夠的了解，這樣公司才不會在交易和投機當中輸到脫褲。[9]

今日的CEO也必須比前輩擁有更厲害的管理和公關技能，畢竟現在媒體檢視的眼光愈來愈嚴格，而就算只是一個輕微的公關錯誤，代價也可能非常重大。如果一家大公司背上了種族歧視、性別歧視或恐同的名聲，CEO和公司內其他領導者就必須立即行動，來消弭這種印象。CEO愈來愈有必要具備社群媒體和公關的專業，也必須能夠在各種不同的環境管道下溝通，像是社群媒體、電視、記者會，或許還要出席國會的聽證會，或者努力說服包括各州、各郡和城市等各層級官員與議員。可以想見，要找到既能負責公司日常營運業務，又可以做到這些工作的人才實在困難。

然後還要考慮到，如今美國的大型公司要比過去都更加全球化，而供應鏈也遍布更多國家，以蘋果的iPhone為例，其零件和組裝分別來自美國、韓國、泰國、馬來西亞、菲律賓、台灣、印度和中國等地，蘋果有許多重要的革新並不是iPhone背後的科技，這些科技有很多都是早就出現的，比較新的創意則是在於要如何設立並維持這樣的供應鏈。史蒂夫．賈伯斯和提姆．庫克（Tim Cook）必須要多方深入吸收知識，更廣泛了解貿易型態、外商直接投資（foreign direct investment）和全球經濟；而在他們做生意的這些各個國家裡，蘋果都會面對特殊的機構與法規限制。並不是每一位CEO接下這份工作時，腦袋裡就已經具備這樣的知識；CEO必須知道要問什麼問題，而如何在適當的情境中應用這個答案。而這份技能所需要對全球經濟的知識其實相當驚人，因此相較於較早的過去，CEO必須要更加了解其他國家，以及他們所工作的全球與文化環境，這可一點都不輕鬆。[10]

還有另外一波趨勢：基本上所有重要的美國公司都變成了科技公司，不管是用什麼方法。例如一家農業綜合企業可能會用無人機來監控田地，或許會運用線上的公司間（business-to-business，B2B）競價來購買原料，也或許會著重於資訊科技高密度領域的研發，例如基因體定序（genome sequencing）。因此在談起我們的農夫時，我們就不能只是提起生產玉米或大豆的公司，而是要設想到高度應用資訊科技的公司。同樣地，要好好營運華特迪士尼公司（Walt Disney Company）並不容易，不只是要挑選優秀的電影劇本、招攬明星，還得打造出能夠創造傑出電腦成像（Computer-generated imagery，CGI）產品的公司，才能以最高層級的技術成熟度製作動畫電影，同時帶入眾多突破的創新，突然你就得知道如何招募並留住最頂尖的程式設計人才，這在早期的好萊塢並不是常見的技能。

最重要的是，大公司的CEO仍然得做他們一直在做的工作，包括激勵員工、為公司內部以身作則、協助定義並傳播企業文化、了解內部帳務，還要向董事會提交預算及營運計畫。

CEO在現代世界中就相當於一位成功的哲學家，因為一位優秀的CEO一定要對幾乎所有現代人類經驗，有相當完整的認知，包括勞工、消費者、投資者、媒體聯絡人，或政治運動人士。事實上，沒有其他工作比這份更加**哲學**，沒錯，我還是堅持要這樣形容。優秀的CEO是這個世界上創造力最強的人，而且擁有最為厲害的理解技能。

還有更多證據與這些論點相符，說明了最重要的CEO技能已經從專注在公司事務上，轉變為博學多聞者該有的技能，讓尋找有能力的CEO更加困難。既然CEO必須要有博學多聞的技能，到了這樣的程度，公司就必須更常從外面的市場聘雇CEO，而比較不可能從公司內部挑選「排在下一個的」候選人。CEO的任期變得較短，而且比較常換工作，因為他們更容易遊走在各家公司，或甚至是不同領域之間；而且我們也能從CEO聘雇的數據中看到這類特色，例如在一九七〇年代，從外部聘雇的CEO只有百分之十四・九，不過到了一九九〇年代末，也就是主管薪水上漲的主要時期，這個數據便上揚到百分之二十六・五。[11]

簡單來說，某家公司的CEO究竟需要具備什麼樣的技能包，要取決於那家公司、行業和情況，但是所有CEO都需要具備經過細細淬鍊過的基本性格特質，才能夠成功爬上企業界的最頂端。

數據又再一次顯示出，幾項重要的通用技能會帶來高報酬，例如在其他條件都一樣的狀況下，如果CEO到一家新公司任職之前的經驗，包含了良好的媒體形象、符合「迅速晉升」模式的職涯，還曾經就讀過特定幾間研究所，那麼一開始的薪資就會比較高。具體來說，在這些條件特質的分布情況中，CEO每高出一個十分位，薪資就會高出百分之五，大約等於一年多賺了二十八萬美元。[12]

另外一個因素是，平均說來，頂尖的CEO人才能對規模較大公司的幫助，比例上會多過較小規模的公司，而高薪資便是一種有效的手段，能夠分發最好的人才，讓他們發揮自己最重要的功用。如果馬克．祖克柏（Mark Zuckerberg）所營運的是一間中等金融服務公司，而不是臉書，那就浪費了他的才華，而臉書也可能無法像現在這樣蓬勃發展。一份研究發現，如果我們考慮到這樣的「相符」因素，那麼CEO最理想的最高邊際稅率（marginal tax rate），大概應該會落在百分之二十七至三十四之間，而如果稅率提得更高，那麼將CEO分配給能力相符的公司所能得到的收益，就會比較小，生產力也會比較低，到最後一些明星級的人才就會進了不夠重要的公司。如果你好奇的話，其他一些經濟學家沒有考慮到這個因素，就會建議把邊際稅率訂得高達百分之七十至八十，他們所注重的是，有錢人或許不是那麼喜歡自己的邊際消費（marginal consumption）。但是只要你知道市場價格，能夠有效影響將人才分發到最重要的公司中，那麼就會得到更為合理的結論，也就是我們不應該一直扣減CEO的薪水，減到一文不值。[13]

私募股權投資（private equity investment）的行為也能夠顯示出，CEO的高薪其實並不是貪腐的公司領導者，想要從遲滯或腐敗的上市公司挖錢。我們可以把私募股權公司想成是一種專心致志的手段，可以對其他企業做大筆投資，可能是買私人公司（或其中某些部門），或要將上市公司私有化，這通常都是更大範圍重構過程的一部分。在私募股權公司中扮演重要角色的人，很可能自己就是有機會或過去擔任過CEO的人，而他們收購的公司都偏閉鎖性，所以那些人就不可能會被他們收購公司的CEO敲竹槓。在私募股權的領域中，自一九九三年起，主要投資人增加的報酬，通常都與他們投資的公司績效有關，便多了四至七倍，平均起來比大企業CEO的加薪幅度還要高，這表示能夠好好管理重要的商業，企業就能回收大筆且不斷增長的收益，而這需要找到最厲害的CEO人才方能完成這項任務。[14]

我們經常會看到私募股權投資人出現在美國最富有人士的名單上，這是一項很明顯的指標，表示大型上市公司的CEO高薪資基本上並不是代理問題（agency problem）[15]或公司腐敗而造成的，而是因為心思縝密而掌握充分資訊的投資人決定他們必須付出高額薪資，才有機會招攬最優秀的企業管理人才。[16]

還有一個方法，可以從更廣泛的觀點來討論CEO薪酬成長的議題，那就是以律師為例，即使董事會與某位律師關係緊密而忠誠，律師也無法從公司榨出更高的薪酬，而是必須為公司招攬並留住客戶，才能夠拿到高薪。如果律師合夥人這個團體無法為事務所帶來可獲利的新客戶，他們就無法繼續為自己加薪，因為這些錢總會有用完的時候。如果我們檢視CEO薪資快速提升這段時期的數據，就會發現律師事務所合夥人的薪資大約也以同樣速率成長，在一九九四年，每位律師事務所合夥人的平均獲利大約是七十萬美元，不過到了二〇一〇年，便成長到將近一百六十萬美元，從家庭收入中位數的約十倍增加到三十倍左右。

同樣地，這裡我們所了解到的是，技術人才的薪資紅利提升情形相當普遍，這個過程發展範圍相當廣，而CEO更高的薪酬方案則是其中一環。[17]

我們再用運動員來舉例。從一九九三至二〇一〇年，頂尖棒球選手的薪資增加了二・五倍，頂尖籃球選手的薪資則上漲三・三倍，而美式足球選手的成長倍數更有五・八倍，換句話說，從百分比來算，CEO加薪的比例大概是跟棒球選手一樣，而棒球這項運動受歡迎的程度可說是相對成長最少的，麥可・喬丹和其他NBA球星提升了籃球員加薪的步調，並超越了CEO，而若是以美式足球為例，諸如約翰・艾維(John Elway)和傑瑞・萊斯(Jerry Rice)等優秀選手，還有像是達拉斯牛仔隊（Dallas Cowboys）這種高人氣隊伍，薪水就更高了。（這還沒把廣告代言收入算進來。）還是一樣，這些高獲益都代表了美國經濟中某些非常常見的特色，而不是說運動員或CEO能夠有系統性地欺詐消費者，或者更廣義來說，欺詐整個體系。[18]

認為CEO的高薪資都是因為敲詐消費者而來，或者以經濟學家的話來說是抽租（extracting rents），這麼說也解釋不了歷史的發展。以大多數的評估方式來看，從一九七〇年代起，對企業的管束已經緊縮許多，也更加嚴格。一九五〇及六〇年代對企業來說，更像是「兄弟愛打拚」的年代，就像電視影集《廣告狂人》（*Mad Men*）中反映在各位眼前的那樣，但是就在管控鬆散的這段期間，CEO薪資相對也低；而最近這段時間以來的政府管制更加嚴謹，CEO的薪資卻變高了，還不斷成長，這表示企業更普遍願意招募頂尖的人才，來應付日漸艱難的工作。而且正如我們所見，領最高薪的是從外面找來的人選，而非選擇舒服窩在公司裡的人，也同樣顯示出CEO的高薪，不是什麼得賠進公司其他人獲益的破壞行為。再提供一項證據：若是公司公告的薪酬方案，將CEO薪資跟股價或公司繁榮前景的其他長期指標綁在一起，股市也會應聲上漲，這表示這麼做能夠更加全面提升企業價值，而不只是CEO自身。[19]

但是我們從媒體上所看到發生的事，卻是完全不同的印象，這些報導的焦點更集中於經濟不平等的議題，事實上CEO的高薪資跟收入不平等的關係，並不如眾人的第一印象那麼緊密。

要注意，CEO之所以能夠拿到高薪，有很大一部分原因是他們創造出了全新的超級熱門公司，或者大幅升級了老舊公司成為企業新星，就像蘋果、臉書和其他許多「獨角獸」公司都是例子，從這些例子中就更容易發現，高階主管的極高收益都是源自於創造價值，就算不是每個案例皆如此，至少平均而言沒錯。

大致說來，在商業公司中，回饋到高層員工的獲益，相較於基層員工的薪水來說，並沒有提高，正好與大眾的印象認知相反，而比較明顯的例外就是位居層峰的員工，當然也就包含了CEO。在過去幾十年來，至少有段時間CEO的薪資高速成長，但是改變公司內部的薪資級距，並不是造成收入不平等的主因。[20]

先等等，這怎麼可能？這麼說不是跟眾多討論收入不平等的文章有所矛盾了嗎？事實上，收入不平等的主因是超級巨星公司的興起，這些公司銷售創新的產品，市場觸角遍及全球，再加上生產力的轉移也對這些公司特別有利。這些公司包括了谷歌、臉書、波音（Boeing）和威訊通訊（Verizon），我在第五章會討論到。通常這些公司中的每位員工，從高階主管，到個人助理，再到清潔人員，比起其他在較老、較傳統的公司中工作的同職位員工，薪水都比較高。[21]

這就是各位在媒體頭條新聞中，最不可能讀到關於美國商業的一項事實：收入不平等，主要是因為超級巨星公司和其他公司之間的差異所導致。但是這樣的真相不是什麼勁爆的故事，比不上CEO從員工身上壓榨獲利來得有料。而再連結回去CEO薪資的議題，超級巨星公司的整體價值同樣可以解釋，為什麼第一流的CEO可以如此、這麼珍貴，打造一家超級巨星公司，可以讓這些公司為每一位員工加薪。因此眼光放長遠，真正的問題在於，我們要做什麼才能出現更多這樣的超級巨星公司，這樣就有更多人能夠加薪。

偉大的CEO逝去之時

我們也可以檢視企業家與CEO的死亡，來理解企業領導有多麼重要。經濟學並沒有什麼機會得以進行有控制組的實驗，不過要討論CEO的話，倒是有幾個案例相當接近，能夠滿足這樣的陳述，也就是在CEO驟然離世的時候。美國有人建立了資料庫，記錄一百四十九件高階主管猝逝的案例，發現領導階層的變動會直接影響公司價值。也就是說當優秀的領導者過世時，公司市值通常會貶值。因此透過研究死亡事件，以及評估公司價值如何相應變動，就有可能衡量企業中各個領導者的品質差異，結果發現領導者特質對公司市值的影響，占了約百分之五至六。在另一份研究中，CEO猝逝後三天的空窗期間，平均會讓公司市值下滑百分之二・三二，這大概是我們對於公司的長期展望會有何改變的最佳評估結果。如果過世的是創辦公司的年輕CEO，那麼股價會下跌百分之八・八二。[22]

挪威有一份針對CEO死亡的大型研究成果顯現出領導的力量，最重要的是其中對企業創辦人的討論。薩沙・歐・貝克（Sascha O. Becker）和漢斯・赫維德（Hans K. Hvide）檢視了公司中CEO死亡的案例，而創辦這些公司的企業家在一開始，都握有公司至少百分之五十的股份（一般而言，這些公司比起前段提到的美國研究中的公司，規模都比較小）。如果把這些公司拿來跟類似的「控制組」公司比較，在領導者過世後，其業績平均會下滑約百分之六十，公司內部的人員聘用減少了大約百分之十七，而在ＣＥＯ過世二年後，這些公司的存活率比起控制組的存活率，要低了百分之二十。[23]

住院治療是比死亡更常見的事件，而從住院的數據資料來討論優秀企業領導的價值，也能得出相當類似的結論。一份根據丹麥資料的研究便顯示，公司的ＣＥＯ若是住院超過五天，從企業股價來看，就會比同儕的表現減少百分之一．二。[24]

我希望我們能有更多直接針對美國公司的研究，不過上述的數據都顯示出，企業家和ＣＥＯ能夠帶來極高價值。[25]在更廣大的美國市場上，ＣＥＯ領導能力的價值可能還更高。

從這些數據還能學到另一件事：ＣＥＯ的薪資比不上他們為自家公司所創造的價值。說得更具體一點，ＣＥＯ從他們為公司帶來的價值中，只獲取了大約百分之六十八至七十三的利益。為了有所比較，最近有一項評估報告顯示，普通員工拿到的薪水，平均不會超過其邊際產量（marginal product）的百分之八十五，會有這樣的差異主要是因為，招募員工及訓練他們成為有價值的貢獻者有其成本存在，也就是說，員工所得的薪資似乎是比ＣＥＯ所得要低一點，至少用百分比來討論時是這樣。這些數據的評估都不算精確，事實上，這樣的結果就是經濟學論證會讓我們想得到的，或許經過討價還價後，比較容易稍稍降低ＣＥＯ的邊際產量，畢竟ＣＥＯ的才能放在非ＣＥＯ能發揮的領域，就比較沒有用處。[26]

我覺得關於薪資和邊際產量二者差距最可靠的評估，來自華頓商學院（Wharton School

of Business）的盧西恩．泰勒（Lucian A. Taylor），他發現一位大公司的ＣＥＯ，通常能夠獲得自己為公司創造價值中的百分之四十四至六十八，另外還能夠從合約中獲取一些保險報酬，也就是說，在公司經營狀況不佳時，ＣＥＯ的薪酬不會按比例減少，不過公司狀況好的時候，ＣＥＯ能夠分享的紅利也比較少。因此，百分之四十四至六十八乍看之下不怎麼樣，不過對ＣＥＯ來說或許是筆還不錯的交易。但是你仍然不會找到有哪份值得信賴的評估，認為大公司的ＣＥＯ這群人能夠拿到超過自身附加價值百分之百的酬勞，而這也是你認為在激烈的競標過程中會發生的結果。[27]

目前，對高階主管的薪資影響最為劇烈的因素，是股票選擇權（stock option），也就是說想要賺到更多薪水，就必須讓你的公司更興盛。很常見的情況是，高階主管薪資中有百分之六十至八十，是以紅利、選擇權或其他形式做為酬勞，都與公司的營運狀況有直接關係。雖然不是每間公司都這樣做，但平均說來是如此。因此，當美國商業的盈餘轉為成長，ＣＥＯ的薪資通常也會增加。[28]

人們發怒的一個原因是，當ＣＥＯ失敗之後，還能帶著很大的「黃金降落傘」(golden parachute）離開，這種遣散費方案有時候可以累積到幾千萬美元。很多時候，之所以會付出這麼多錢，是因為根深柢固的特殊利益及貪婪的高階主管，但是這麼做也有二個以效率為上的合理原因。首先，要踢掉ＣＥＯ可能會引起一場腥風血雨，黃金降落傘有助於確保，糟糕的企業領導者會放棄他們製造出來的混亂場面，而且還會相當積極走人，不會只是想著保全自己在公司的地位。最後付出的費用（可以用「高昂」來形容）或許並不公平，儘管我們都不想付錢給做錯事的人好把他們踢掉，但是仍有助於解決一個非常現實的問題。第二，某些時候股東希望鼓勵CEO，去嘗試有風險、可能會失敗的新策略，而一份慷慨的遣散費方案能讓CEO更願意冒險。我確實認為有許多所費不貲的遣散費方案，只是操弄體制的結果，但是如果覺得這麼做毫無可靠的理由，那就大錯特錯。消費者在一個能夠容許大筆遣散費的世界中，所得到的商品和服務應該都能比禁止大筆遣散費的世界還要好。[29]

公司太短視近利了嗎？

另一個常聽見的抱怨是，我們如今生活在一個「季度資本主義」(quarterly capitalism)的世界裡，或者有時也稱為「短期主義」(short-termism)。這個觀點認為，企業只關注短期的收入，而忽略了長期投資的各種形式，包括投資在他們的員工、研發，以及培養未來能力等面向上。事實上，這通常也是在抱怨CEO的薪資，批評者常常會指控以股權和選擇權為本的CEO薪酬方案，助長了這種現象，因為公司領導者會操控季度收益表，好提高公司今日的股價，就能增加自己的薪酬，而犧牲了企業長遠的未來發展。畢竟，大部分CEO

在二十年後未必還待在自家公司，那麼何不提高自己短期的股價，就算犧牲了未來的遠景又如何？

這些批評就和許多其他評論一樣，都言過其實了，確實，有很多傳聞故事可做為例子說明，企業領導者的眼光太過聚焦於短期效益，當網飛（Netflix）正發展出新媒體模式，挹注資金製作新型態的電視節目，主流的媒體公司便開始微調自己大多數平庸無奇的電視節目。

要區別短期主義和無法展望未來，可能非常困難。敗在網飛手下的競爭者，大多都不是想大賺一筆的貪心藝術家，其實他們大部分的人確實是不知道，提供大量串流內容這樣的策略居然能勝出。如果企業有一半的時間太過短期思考，而另一半時間又太長期思考，那麼就會有上千則可靠的例子和故事，能夠說明過度短期思考和計畫的結果，而這些證據並不一定都跟CEO使詐有關。不過這問題所涉及的範圍更大，而前述只是看見了一半，再說這些短期主義的故事中，有很多通常也會提到整體的狀況，市場是如何**能夠**達到一個比較好的長期狀況，這都多虧了網飛（以此為例）和其他創新公司的策略思考。通常在這些失敗背後的短期主義，要一直等到更好的長期遠景出現之後，才會完全暴露出來，所以當你聽見了「短期主義」的小故事時，要注意：這些常常都是經過偽裝的成功故事，不過是對某些其他公司而言。

有些故事中的公司是因為太過顧慮長期發展而犯下大錯，要舉這樣的例子並不難，比方說有許多科技公司都專注在中國大力拓展商機，覺得中國的十三億人口遲早會買他們的帳。但是，一部分是因為中國政府愈來愈危險、看不見實質獲利，結果這些公司當中，包括不少美國重要的科技及金融服務公司，有很多都撤出了。另一個例子是，近來有許多科技新創公司，即使其營收是零或趨近於零，估計市價卻仍然很高，而其中絕大多數最後都成了失敗的案例，投資人被長遠的夢想沖昏了頭，無法保持足夠的理智冷靜思考短期限制。二〇一七年，特斯拉（Tesla）的市值超越了福特（Ford）和通用汽車（General Motors，GM），但是我們根本看不到有何跡象顯示，這家公司能以可負擔的價格銷售電動車還能獲利。或許他們擁有從帽子裡拉出兔子般的魔法，又或者沒有（在我寫作本書時，他們的未來展望似乎每況愈下）。許多生物科技股票也能看到相同的股價飆升，通常都是在這些公司的產品真正上市之前。

在二〇一八年的現在，從我目前的位置是看不出來這些高市值公司中，有哪些是錯估了，而這也是一部分的重點：大多數評論者也不知道。不過確實在這些案例中有很多情況是，市場想得太長遠，而應該多擔心眼下缺乏收益。更綜觀而言，此刻的各家股票本益比（price-to-earnings ratio）是歷史新高，而自從經濟從二〇〇八年的金融危機中復甦過來後，便一直如此（在各位讀者閱讀本書時，可能還是如此，也可能已經不然）。重點是，這些目前看來高漲的本益比與短期主義氾濫的指控是明顯矛盾。在本質上，價值會高是因為市場期待即將會出現的高收益，而不是因為今日的收益已經很高，而足以估出這樣的價值。

當然，若是要成功，股市也會有長遠的考慮，而透過ＣＥＯ的薪資結構就能鼓勵這種長期考量。例如亞馬遜網路商店（Amazon），它們的股價高到令人咋舌，但是季度收益報表卻通常無法顯示出可觀的獲利。無論你認為價值的估計是否合理，這個例子清楚顯示出股市如何能夠思考到更廣大、更長期的局面。大約在二〇一八年，傑夫．貝佐斯（Jeff Bezos）成為世界首富，而他能達到這個地位，都是因為他堅持幾個長期目標，亞馬遜確實會不斷將獲利投資在公司的未來發展，這表示股市在短期與長期考量之間能夠達到相當不錯的平衡。而肯尼斯．弗倫奇（Kenneth French）和諾貝爾獎得主尤金．法馬（Eugene Fama）二位頂尖金融研究學者所進行的研究，甚至指出當期現金流高的公司市場估值相對都**低估**，接下來都能賺到超過票面價值的收益。也許他們的研究成果並不能當成這個問題的最後結論，不過卻讓人更難提出指控，說投資人的投資期限總是太過短視。[30]

再引用一個更簡單的觀點，想想有這麼多投資人借了幾十億美元給政府三十年，是怎麼回事，這些人都希望應該能回收頗高的收益。這也是長期思考的一個例子，而且十分常見。就算你在三十年期限屆滿前就賣出，市場也能夠估計出涵括在這些資產中三十年清償的金流價值。

如果我們檢視大企業中的ＣＥＯ，他們似乎擁有相當長的投資期限，而如果我們檢視的是，在二〇一五年離開標準普爾五〇〇（S&P 500，標普五〇〇）上市公司的那些老闆，他們的平均任職時間是十一年，這是在過去十三年來最長的任期。[31]

更綜觀說來，短期主義不一定是壞事，不只是因為短期結果比較好控制，公司經常都只能看見攤在自己面前的短期問題，例如必須開除一個不適任的主管，或修好壞掉的機器，要知道整體市場在二十年後是什麼樣子，就困難多了，尤其是那些將資訊科技做為重要輸入的領域，當然今日大多數領域皆是如此。要做二十年計畫會牽涉到許多開銷和許多風險，而且也不清楚這些計畫最後到底會不會有用。換句話說，其實我們經常都低估了短期主義。

在資訊科技領域中，企業資產的平均壽命評估約在六年，在健康照護領域是大約十一年，而消費產品領域的話，則在十二至十五年。那麼例如說，如果你經營一家健康照護公司，可能在十一年後就會設計出非常不同的醫藥檢測，或使用不同的醫療掃描器；同時，你會需要用到的工具或裝置甚至還沒被發明出來，更不用說拿到政府許可，眾人都知道將來會有重大變革出現，可是你到底應該做出什麼樣確切的計畫，才能超越這樣的一般認知呢？那樣的邏輯限縮了公司的計畫展望期，更甚於管理上的短期偏見。[32]

同時要注意，美國經濟正轉而傾向資產壽命相對較短的領域，有許多都是服務業，因此在多數案例中，我們或許需要的是有更多CEO能夠改變方向，轉而投入較短期的經營方針。[33]

對某些產業來說，或許你**必須**設定短期計畫；因為並沒有可用的實質長期計畫，可能是世界有太多不確定性，或者公司就是沒有足夠可供運用的變數，無法以有效的方法控制。在此情況下，處在能夠設定更長期計畫領域的公司，非常可能**就是**可以經營得更好或獲利更高。不過這不代表短期經營方針的公司就一定有什麼問題，或許這些公司只是在考慮到面對的所有限制下，盡力做到自己能做的。[34]

資料顯示出在美國經濟中，相較於國內生產毛額（GDP），研發經費已經有約三十年都大致維持不變，這實在不大理想，而且也不大符合如今愈來愈傾向短期主義的局面。事實上，既然服務業已經成長為美國經濟中具有相當比例的一塊，而服務業的研發也更難成功達成，這股趨勢可以解讀為顯現出比較正向的整體趨勢。[35]

如果公開上市公司的股東對公司施加太多短期成果的壓力，要求拿出漂亮的季度收益報表，還是可以選擇成為私人控股公司。幾乎所有新創公司在早期關鍵的成長期間，都是私人公司，一部分是因為可能沒辦法在初期就讓潛在股東知道，這家公司真的有個很棒的點子。創業投資可以加入來填補資金缺口。時間較長以後，公司就可以選擇讓創辦人能夠長久控制的架構，即使公司已經開始公開交易股票也一樣，例如臉書和亞馬遜就是這麼做的。

在這個情況下，要注意創業投資通常會被視為一個美國空前成功的故事，我在第七章就會討論這點。美國創業投資為了在未來能夠回收大筆獲利，操作手法非常老練，而且很擅長承擔風險；不過在某些考量中，也會專注在短期成果上。一輪創業投資所約定的估值期限通常都是十年，等到十年的期限到了（或者更常見的情況是，老早在期限還沒到之前），這家公司應該就能自行經營，同時在期間只要出現了有所進展的跡象，就會不斷進行好幾輪更多的創業投資，因此就要執行管制。我不會說在這裡適合用「短期主義」的詞彙，因為創業投資家其實會願意為了某些長期的報酬，而承擔大風險，不過至少這段過程顯現出一些要求短期進展的表面跡象，但是卻運作得相當好，最重要的是在更長期的計畫中對美國有所助益。

對於美國公司還有一個相關的論點，說他們有財務短期主義的問題，因為所有收益都轉化成股利而被抽乾了。我偶爾會聽說或讀到有些論點說，付給股東的大筆紅利占了標普五〇〇公司超過九成以上的淨收入，但是進一步檢視這個論點，如果將這些公司所籌募到的新資金考慮進來，結果會發現這個預估值有誤，事實是大公司付給股東的紅利，大約占淨收入的百分之二十二，這個數字既不算罕見，也不算病態。這又是另外一個例子，說明了人們會緊抓著並大肆宣傳美國企業的一個負面形象，僅僅是因為這個形象符合他們先入為主的認知，但事實是 CEO 並沒有吸乾他們的公司，而支付給富裕股東的豐厚紅利，通常最後也會投資到經濟體的其他區塊。[36]

如果要我為各種活動和機構打分數，評估這些事物為美國的好與壞貢獻了多少，從一分到十分，十分代表最好的影響，一分則是最壞的，那麼我可能會給攻擊性武器和類鴉片藥物濫用打一．〇分，然後矽谷和ＮＢＡ季後賽活動是九．〇分。而我應該會給ＣＥＯ薪資七．五分，可以再更高，不過其運作比多數人所想的更有效。人類天生有種傾向，只要有錢人賺了一大堆錢、位高權重，就會想刻意挑錯，但是整體看來，我們的ＣＥＯ領高薪，卻也創造高價值。

第四章

工作好玩嗎？

是，經營一家公司可以為CEO帶來報酬，那麼員工呢？勞工遭到資方剝削，長久以來便是針對資本主義的一項指控，而且時至今日依然存在。例如最近《泰晤士報文學增刊》（*Times Literary Supplement*）就評論了幾本關於工作的書，撰文者喬・莫蘭（Joe Moran）這樣總結：「這些書談的都是悲慘故事。」大衛・格雷伯（David Graeber）近來也出版一本大受歡迎的書籍，書名便說明了一切：《百分之四十的工作沒意義，為什麼還搶著做？論狗屁工作的出現與勞動價值的再思》（暫譯，*Bullshit Jobs: A Theory*）。史丹福商學研究所（Stanford School of Business）的傑佛瑞・菲佛（Jeffrey Pfeffer）的最新著作，書名是《為薪水折腰》（暫譯，*Dying for a Paycheck*）。不過卻有經過實際驗證的證據顯示，比起有工作，沒工作對你的健康損害更大。[1]

我想要提出一個論點，有生產力的工作是我們生活中最有成就感的一個面向，最重要的是，工作能讓我們更快樂、適應更良好，並且更能與社會連結。工作為我們的家庭生活提供平衡，有助於我們了解我們身為人類的意義，這也是一種資本主義較少人討論到的創造性，也就是能夠讓我們活出更好的自己。

我會再回來討論這些，不過現在我得先把幾點壞消息說開來。這叫做「工作」（work）也叫做「勞動」（labor），並不全然都是正面意義，如果你跟一個朋友（或者可能曾經是朋友的人）說：「跟你在一起就像在工作一樣。」這不大算是什麼正面評論。又或者可能有句話說，你心存幻想而努力生存（labor under a delusion）；卻不會有人說，你心存愉悅或欣喜的心情努力生存。

就過度簡化一點來說，**人家還得付錢給你去工作**，而這表示工作一點也不好玩。而且對多數人而言，工作是他們每天跟商業打交道的主要管道，意思是商業跟讓我們生活沒那麼有趣的活動有關係。幾乎日復一日都會抽走一點點樂趣，通常是一星期五天，不過在大多數情況下，薪資支票就沒那麼常來，而且大多是直接存入帳戶這種比較看不見的方式，因此工作上的壓力和乏味對許多人來說，比起他們所賺到的薪水感受更深刻。總結起來，那就是美國大眾沒那麼喜歡商業的一個原因，或者應該說全世界的大眾皆如此。商業就像那個老是說你不能擁有想要的一切的家長。

近來有些研究和調查描繪出工作可能造成的負擔。諾貝爾獎得主丹尼爾．康納曼（Daniel Kahneman）和經濟學家艾倫．克魯格（Alan Krueger）在研究中衡量我們的「日常情感經驗」(daily affective experience），他們讓人穿戴上會發出嗶聲的裝置，會不定時響起，而嗶聲響時，人們就要記錄自己在做的事和當下的感受。你可以把這個方法當成衡量情緒的技巧。不過研究者要問的不只是受試者在某特定時間的感受，還要問人們對自己生活中的不同面向有多滿意，因此這項研究要討論的不只是短暫的愉悅感，還有對充實人生的整體滿足感，因為幸福並不只是用單一維度的量尺就能評估的單一事物。為了這份研究，學者招募了九百零九位職場女性，平均年齡是三十八歲，平均家庭年收入則是五萬四千七百元美元。[2]

研究結果發現了什麼？評分最高的活動，從最喜歡到沒那麼喜歡，依序為親密關係、社交、放鬆，以及祈禱／敬拜／冥想，排在中間的有看電視、準備食物，和講電話等等單調活動，而列在清單最後五名則是照顧小孩、電腦／電子郵件／網路、家事、工作，還有最後一名的苦差事：通勤。

所以說，工作在製造正面情緒這點上是倒數第二名，這消息令人傷心，但不表示我們不喜歡工作，只是代表我們更喜歡其他事情。而事實上，如果你往下探究，人們對工作懷有正面感受和懷有負面感受的比例，略高於三．五比一（當然比不上對親密關係的正負感受，比例為五．一〇比〇．三六，但反正性愛一定會勝過工作的）。

同時也要考慮到，同樣這份資料集顯示出人們一天工作六．九小時，而祈禱／敬拜／冥想一天只進行了大約二十四分鐘，這大概是因為工作有錢拿而祈禱則沒有，假如人們一天祈禱六．九小時，大多數人可能也會覺得這件事就不一定有所回報了，可能還會拿到更低的分數（如果你想知道的話，親密關係平均一天花費十二分鐘，而如果一天要進行六．九小時可能也會沒那麼受歡迎）。這樣看來，工作的數據所代表的意義沒有一開始看起來那麼糟，人們會工作這麼長時間，正是因為其**淨**報酬很高，只是這所有報酬在當下並不好玩。還有，工作經常是通往親密關係和社交的重要管道，二者都是清單上評分最高的活動，若非如此，可能也不會有這麼多人願意工作。

務必要記住一個重要的警告：也就是說，這份研究中的女性只有在工作日接受調查，若是在週末對她們進行訪查，或許工作看起來就會比較受歡迎一點，而沒那麼有負擔。如果這份調查是在週末進行，孩子仍然會是愉悅感的來源嗎？我們實在不知道。

有趣的是，我們在研究者的發現中看到，工作相較於當下的情緒，更是終身滿足感的來源，有些我們做的事情，像是照顧孩子，所能提供的終身滿足感更勝於在當下覺得好玩，畢竟養育孩子可能相當有壓力。談到工作的時候也是一樣的道理：一份好工作能夠提升整體的滿足感，更勝於立即提振我們的心情。從這點看來，工作的益處仍然是比一開始看起來的還要高。

我不是想要洗白工作日和職場的負擔，但是有許多其他證據讓我們看見，工作有更多正面特質。工作讓我們得以擁有許多在生活中珍視的東西，包括肯定我們的社會價值、解決問題的架構並結合獎賞，同時也是重要的社交互動來源，讓我們與（有時候）情感有共鳴或氣味相投的人來往。許多工作都需要創意：有百分之八十二的勞工回報說，他們的工作主要包括了「自行解決無法預見的問題」。[3] 再說還有薪水可拿，不只是為了食物和房租，工作所得的錢常常讓我們能夠與自己最為珍視的朋友來往、維持關係並保持聯繫。從這個觀點看來，工作的價值和朋友的價值絕對不是背道而馳。

當然，這些從工作獲得的好處並非偶然，大部分都是老闆創造出來，好吸引更多有才能的員工，這正是競爭所需要的。就算老闆們沒有確切安排好工作所能得到的一切社會福利，他們也會允許這些福利存在並繼續成長，才能提振員工士氣、順利招募並留住人才。

因為工作而獲得與薪資無關的福利還可以這樣來想，那就是眾人都知道失業確實會造成天價般的個人成本，若是你想工作卻沒有工作，對幸福感和健康有害的程度，遠超過光是失去收入所造成的；例如失業的人更有可能產生心理健康的問題、自殺傾向更高，而且明顯更不快樂。不管是什麼推論，有時背後會有因果關係的問題，例如人們會自殺是因為失業，又或者他們的失業是因為可能有自殺傾向，所以在工作面試的表現就不大好？無論如何，至少我們可以說，失業會讓許多人的生活更是雪上加霜。經濟學家安德魯·克拉克（Andrew E. Clark）和安德魯·奧斯沃德（Andrew J. Oswald）曾進行過一份知名的研究，發現非自願失業對個人幸福感的損害，要高過離婚或分居。[4]

通常比較值得一看的是人們做了什麼，而不是他們說了什麼、如何回報自己當下的心情。工作時數的數據彙整起來相當驚人，而且數據顯示出美國人對工作的態度相當正面，例如我們就看每個美國人每週的工時，從一九五〇年的二十二·三四小時提升到二〇〇〇年的二十三·九四小時，一點也顯示不出工作已經過時了，同樣在這段期間有大量女性投入職場，許多都是因為她們想要工作並賺取自己的收入，事實是對工作的想望，並未像評論者在二十世紀初所預測的那樣大幅下滑。賺錢、花錢很好玩，而且許多工作能帶來更多報酬、更多社交關係，而且也比過去更安全，即使現在的生活水準比起二戰剛結束的那段時間要高更多，美國人基本上還是希望能繼續工作。[5]

經濟學家約翰・梅納德・凱因斯（John Maynard Keynes）在一九三〇年寫下知名的預測，認為到了二〇三〇年，大多數人每週的工時不會超過十五小時。他認為大部分的人類想望和需求都會得到滿足，工作主要就是件苦差事，而在有關邊際上，人們會追求更多休閒時間。但是他低估了更多錢的吸引力，和工作時的愉悅感，身為一位富有的劍橋學者，他高估了休閒的價值，至少對美國大眾而言是如此。

研究壓力的資料也將工作放在相當有利的位置。社會學家莎拉・達瑪斯克（Sarah Damaske）、喬舒華・史密斯（Joshua M. Smyth）以及馬修・札瓦茨基（Matthew J. Zawadzki）一同進行研究，他們在美國東北部一座規模中等的城市中，找來一百二十二位成人，每天以棉花棒擦拭口腔內部六次，以測量他們的皮質醇濃度，一般認為這種荷爾蒙可以用來評估壓力程度，測量會在職場和家庭中兩邊都進行。[6]結果相當清楚：大多數受試者似乎在家裡所感受到的壓力，都比在職場中高，而且女性更有可能表示自己在工作時比較開心，很有可能是因為有太多女性還要負責照顧孩子（雖說如此，家中沒有小孩的人，其實更有可能表示自己在工作時的壓力較小，所以在大多數情況下，配偶的問題可能比較大）。

這些研究成果另一項讓人驚訝的特色是，「工作做為避難所」的效應，對於比較貧窮的人更為強烈。我們不知道如果受試者的樣本數更多一點，結果是否還是這樣，不過這顯示出在職場生活中，可能遭到忽略的人人平等特性。在現代美國社會中，較貧窮的人更有可能會出問題，例如離婚、伴侶或配偶虐待、家族中藥物成癮、孩子輟學，還有各種其他相當常見的社會問題。這些問題會折磨有錢人，也會折磨窮人，但是在較貧窮的家庭中比較常見，而且更容易對較貧窮家庭造成更嚴重的損害，因為他們沒什麼資源能夠用來應付這些問題。不過職場可以多少發揮平衡的作用，至少在這個例子中，較貧窮的人在職場上所得到的慰藉，相對比較富有的人更高。當然，較貧窮的人賺的薪水較少，不過就心理壓力而言，很多企業都為人創造出「安全空間」，否則有些人就得面對某些相當糟糕的處境。

確實在我們檢視實際的測量數值時，可以看見透過皮質醇濃度測量的壓力指數，與員工的社會地位呈現負相關，這裡我們也應該要謹慎對待，不妄自從單一研究就下了冠冕堂皇的結論。不過這份證據表示，在個人所承受的壓力上，工作經常具有重要的保護及平衡作用，而且康納曼和克魯格的研究也得出大致類似的結果，與工作日相關的正面效應，與我們通常認為是「好」工作的特色，並無密切關係（例如職場的正面效應與「超棒福利」的相關係數，只有約〇．一〇），有一份爛工作的人，仍然能夠從與工作相關的正面效應中得到許多好處。

這裡有一篇簡單、可能相當熟悉的故事，由社會學家伊莉莎白．伯恩斯坦（Elizabeth

Bernstein）發表在《華爾街日報》（*Wall Street Journal*），這段故事反映出工作做為一種避難所和棲身之處的重要性：

> 泰拉・肯尼迪—克蘭（Tara Kennedy-Kline）相當重視家庭，同時也是一家玩具經銷公司的老闆，她說到了晚上或週末時，自己常常會跑到倉庫裡，重新整理貨櫃裡一千五百箱的貨品，就為了逃避家人老在問她：「晚餐吃什麼？」還有「我的制服在哪裡？」「我愛我的家庭和家人，但是只要能夠遠離功課、晚餐、空手道課、足球、鋼琴課、穿上溜冰鞋出門，還有摺衣服，可以躲進冰冷的水泥倉庫裡，就是有某種吸引力。」這位四十三歲住在賓州舒梅克斯維爾（Shoemakersville）的女性說道。[7]

另一種考量許多職場活動趣味性本質的方式，就是衡量有多少工時跟「心流」（flow）有關，心流這個概念，由匈牙利裔的美國心理學家米哈里・契克森米哈伊（Mihaly Csikszentmihalyi）所發展並提倡，意指因處理刺激、回應發展中情況的改變，並能相當順利解決問題，所產生的一種全面性、充滿活力的感覺。想想你在打網球表現傑出的時候、破解程式問題的時候，或者在職場上做了一場完美簡報的時候，感覺就像你整副心智（有時還有身體）必須承擔著非常重要的責任，然後你漂亮解決了，這感覺是不是很棒？

心流的感受的確與更高層次的動機、認知效率、活化與滿足感相關，我已經發現有許多菁英都很喜歡心流這個概念。其中一個最大力提倡的人就是約翰．麥基（John Mackey），他一手創立了全食超市（Whole Foods），他大概體驗過許多次心流，不過也有許多努力。我還記得自己在超市裡當售貨員的時候，工作的許多部分都很辛苦、很累、很受挫，不過幾乎每天晚上我都能感受到真正的快樂，用超快速度和效率包裝好一包包梅子，或者挪走香蕉、把貨車輕推一下送進冷藏庫，速度或許比店長覺得適當的速度要快一點。確實，我知道自己不會一輩子做這份工作，這樣想就覺得輕鬆多了。無論如何，這份工作本身有多數時間都是好玩的，我也能夠陷入那種心流的狀態。[8]

數據顯示工作常常有助於促進心流的狀態，有一份研究便檢視了芝加哥五間大公司的員工，其中大約百分之二十七是擔任管理和工程類工作，百分之二十九負責文書工作，還有百分之四十四在生產線工作（因此這份研究並非完全針對位居層峰的CEO）；樣本數中百分之三十七是男性，百分之七十五是白人。受試者要穿戴會發出嗶聲的裝置，被要求一天七次，簡短回報自己所從事的活動有什麼困難與技巧，包括對當下經驗的感受，這批受試者也被要求回報自己的休閒活動。

結果對工作的評價相當正面。首先，受試者在工作時比起在進行休閒活動時，所感受到的心流狀態時間更長，許多像是閱讀、聊天、看電視等休閒活動，似乎不大容易產生心流狀態。而且在實際經驗的各個面向，在心流狀態中也都更加提升，包括動機、活力、專注度、創意和滿足感等等。當然，這只是一個特定的心理學方法，但是這些研究結果也符合一個觀點，那就是個人能夠在自己工作時，獲得相當程度的滿足感及充實感。第二份研究是由米哈里．契克森米哈伊本人進行（與茱蒂絲．勒菲佛〔Judith LeFevre〕共同撰寫），結論說道：「絕大部分的心流體驗都是在工作期間獲得回報，而非休閒時間。」[9]

關於對當下經驗的回想，我們應該也不意外知道工作讓我們許多人感到快樂、滿足，或就是沒那麼有壓力。一來，工作通常能讓人得到相當顯著的社會肯定，在家裡，可能會感謝你的人相當少，不過他們的肯定當然非常重要（「爸爸，你好會教喔！」）；也就是說，配偶、伴侶、小孩和其他家庭成員，並不會時時在各個方面都表現出完全的感激。其實關於家事分配的爭執還滿常見的，而且有工作的人（尤其是女性）常常得向其他家人強調，他們在家裡以外的部分已經貢獻許多。工作在某些方面能夠讓人獲得嘉許，每份工作能在職場上得到多少感激都不一定；但是很多美國人在職場上會與幾十、甚至幾百個人共事，可能還要接觸眾多顧客，或直接業務以外的供應商。而例如新聞業、藝術、政治等工作又讓人更有機會得到幾千、可能是上百萬潛在的肯定者。

工作的滿足感也可能是因為你有拿到薪水，沒錯，你要拿薪水是因為工作不是那麼好玩，也是因為老闆必須確定你會準時來上班，說是這樣比較好管理，但其實不僅於此。但是有很多人很喜歡自詡，其努力值得比一般人拿到更多薪水，其中有些可能是太貪心，又或者就是讓人受不了的自大狂，不過也有很多是對獎賞與認可抱持著健康的想望，而透過金錢創造的集點系統就很重要。薪水代表對工作的肯定，工作也能認可薪水的正當性，這可以說是一種有趣的良性循環，而企業就是那股愉悅的最終創造者及來源。

如果我們從川普在二〇一六年的總統選舉中，應該要學到什麼，那就是美國人想要工作。川普的措辭便指向了工作、工作、工作，而幾乎不大談論重新分配或福利等議題，他也不大談「經濟」或「不平等」，就像經濟學家麥克·康恰爾（Mike Konczal，站在反對川普的立場）說的：「川普只會講工作，一直在講。」無論你對川普總統有何看法，美國中部民眾對這番言論迴響熱烈，因為大部分人在內心深處都知道，有一份體面的工作是幸福感、滿足感和社會地位的主要來源。這也是我放棄了保證年收入這個概念的一個原因，如果收入設定到相當高的程度，太多人就會以此為不工作的藉口，而大多數情況到最後都對他們有害。[10]

工作讓我們能具體感覺到進展、改善，我們每次得到加薪和紅利、升職，還有搬進較好的辦公室、加入更成功的公司、擔任在社會上更有知名度的職位，我們都能從勞力中獲得外在的肯定，而有時候即使我們未能晉升，也能嚮往著什麼。很多人談論薪資停滯的問題，那個現象描述了各種工作匯集起來的薪資，而這表示新出現的工作職務對後來就業的工人整體而言，經過通貨膨脹調整後的薪水，比不上早期勞工所擔任的那些舊工作，已經有工作的人在職涯發展途中會不斷加薪，這二種現象完全可以並存。即使是經濟成長緩慢的時候，每個人在職涯中通常也都會獲得加薪及升職，至少一直到他們五十幾歲時應該都是如此（要視職業的性質而定，數學家和籃球選手比起小說家、看護和哲學家，更容易經歷與年紀相關的挫折與退化）。

同時工作也讓人能夠建立人際關係，讓你有機會在一個相當有條理的環境中，和其他聰明人互動，而這些人通常也與你有共同的任務；如此能夠創造機會，可以進行許多有意義的人際互動、建立友誼，有時還有面對其他公司的健全競爭意識，或是對抗某個明顯社會問題健全的任務感，例如在加護病房工作，縫合槍擊傷口；或為慈善組織工作，提供餐點給遊民。超過一半以上的美國勞工表示自己在工作上交到非常要好的朋友。[11]

因此公司其實讓我們得以建立幾段最為重要的關係，而且還能製造出我們在生活其他部分，想要尋找的不同關係類型，因為工作上的準則能夠設下界限，界定這裡可以接受哪種互動。例如，你職場上的同事不應該在大庭廣眾下對你大發雷霆，他們不應該哭泣，也不應該向你傾訴自己最為深層或最黑暗的欲望，要求你為他們釐清宇宙間的奧祕。當然有非常多職場關係會逾越這些界限，有時候還相當極端或令人不安。我們都聽過某人的老闆，跟一位資深合夥人發生非常糟糕的情事，或某人的同事變成了跟蹤狂。但是整體而言，職場上的限制依然存在，而且愈來愈好，這讓我們能夠根據樂趣與合作，自在選擇建立許多人際關係，還能將許多情緒壓力降到最低，或留在家中。有時候，職場關係根據共同的興趣和感激之情，還能變得更深，正是因為這類關係能夠不受某些生活中更糟糕、更有害的情緒壓力影響。在其他情況下，職場關係或許很膚淺，但是要記住，這種膚淺卻正面的關係常常能夠提振我們的精神、激勵我們，其實有許多文化評論都低估了膚淺這種特性，這樣的不真實有眾多好處，特別是因為我們的情緒頻寬有限，有時候我們就只想要在職場，得到人際互動那種正常而不變的喜悅。[12]

先不管薪資和名位，工作也可以是幫助他人的重要工具。比方說你希望對人類做出重大貢獻，若是不透過工作實在很難達成。一條路是賺個幾百萬或幾十億美元然後捐出去，當然那得有工作才能賺錢。比較常見的是，人們會選擇能夠幫助他人的工作：當個神經外科醫生、進行醫學研究、成為消防員、當幼稚園老師、經營並資助防止自殺專線、為政府提供好建議，或者成為最佳美國總統等等，都是可能的選項。工作是我們實現利他主義的主要工具，而且不像是只嘉惠家人的利他主義，只要一切順利，你可以幫助幾百、幾千，甚至是幾百萬人。

工作與利他主義之間的連結並非偶然，許多雇主非常努力讓自己的公司成為勞工尊嚴和滿足感的**來源**，最主要就是因為他們的員工和潛在員工（特別是那些相對還很年輕的人）很重視這樣的事情。一間公司的形象愈正面，就愈容易招攬有才能的員工，而想要吸引並留住人才，就是公司努力營造愉快、包容而活潑氣氛的最重要原因。這也顯示出亞當．斯密（Adam Smith）所說那隻「看不見的手」，如何引導貪婪的企業，不惜成本也要為社會利益做出貢獻。

不盡完美

在我寫作這本書的時候，職場性騷擾已經逐漸成為大眾眼中一個重要議題，而且我看見有愈來愈多令人反感的醜聞被攤在陽光底下，包括在企業界也是如此。眾多女性都公開表示在職場（以及其他地方）遭人騷擾，毀了她們的自信，或者讓她們認為某種職業或機構不適合她們。這種糟糕行為的影響層面有多廣還有待討論，不過目前我想提出二個相當普遍但重要的比較性論點。

首先，能夠在家以外的地方工作，讓女性有更多更加獨立自主的選擇，並且減少她們在生活中各個面向所遭遇的騷擾次數，包括來自伴侶或配偶的。一份工作和薪資支票代表女性（或者男性亦然），能夠選擇離開有虐待傾向、騷擾傾向或其他不良品行的伴侶或配偶。就問一個簡單的問題：女性是在工作時還是在家時更容易挨打？我想我們都知道答案是在家；當然，除非她是職業拳擊手。

第二，騷擾行為看來在企業界內外至少都是一樣常見，例如騷擾醜聞也衝擊了學術界與政治界，驚人的是第一個必須辭職，或者也要放棄大權的騷擾加害人，是在企業界，而非政治界，而且有好幾個知名的媒體界騷擾加害人，差不多在罪行公諸於世後，也得立刻辭職或放棄自己的電影計畫；相較之下，政治就有非常多操作，讓加害人相對之下較能全身而退。如果我們拿美國政治界的最核心，也就是美國國會做為企業的對照，在這裡很難提出有效的投訴。美國國會做為雇主，卻不受大部分約束僱傭關係的法律所管轄，而且想要提出告訴的指控者，必須先經過一長串諮詢和調解的過程，同時還有一個特殊的國會辦公室，想要在法庭以外的地方解決糾紛。如果要求和解，這個國會辦公室也毋須付和解金，而是從財政部一個特別的基金中祕密撥款。另一個例子是大權在握的參議員或總統，通常能夠影響美國全國的經濟及司法體系，若是男性領導者遭控濫權，體系內眾多其他人都會相信那個男人所說的話，即使他們內心深處可能也知道真相並非如此。這一切的一切，怎麼可能遏止性騷擾呢？[13]

不過這不只是法律的問題，華盛頓特區的文化也營造出一個對揭發性騷擾者不利的環境，更甚於企業界。政治有一種如部落般的本質，因此如果你出言反對自家「團隊」中的一個人，也許是雇用你的議員或職員，就像是給另一方陣營送上公關大禮，在超級公司市鎮華盛頓說出這樣的話，可是職場自殺。「不要跟記者交談」，基本上就是每一個在政府工作，或負責政府相關議題的人，要遵守最重要的誡條之一。華盛頓特區跟好萊塢的不同之處在於，這裡握有權力的女人通常年紀比較大，而比較年輕的女人就是沒有足夠的聲量或能力，可以吸引媒體的注意，或者說出令人信服的話，她們的策略常常就是閉嘴忍耐。[14]

就我目前所看到的，商界公司在處理性騷擾問題時的行動，比公家單位更快速，雖然公司在這議題上打迷糊仗也已經太久了，不過商業競爭似乎對公司內部約束的影響效力，更勝於外部的。例如若一家公司有騷擾女性員工的紀錄，就必須付出更優渥的薪資，才能繼續雇用女性，經濟學家稱之為「補償性差異」(compensating differential)。這樣的激勵因素顯然並不夠，而懲罰不良行為的法律執行也必須更有一致性，但至少是一種競爭性、商業性的壓力，鼓勵更善待女性。至於要解決問題，需要更進一步的激勵因素，信託責任（fiduciary responsibility）的概念能夠約束公司領導者的行為（或至少應該如此），而企業面對抵制、惡劣形象和消費者的不滿意度都相當不堪一擊，這一切因素都會促使許多公司追求最佳的營運作為，而願意開除為它們工作的性騷擾加害人。我希望在未來的幾年裡，我們在這部分能看到愈來愈多進展，由企業當領頭羊，就像企業常常為了同志平權所做的那樣。我們目前所有的證據都指出，在過去幾十年來，女性的工作報酬愈來愈高，壓力則愈來愈低。[15]

總結來說，性騷擾是人性一個很大、很大的問題，目前我沒有看到有何證據說明，企業比起其他地方的行為會讓這情況更糟，而就某個程度而言，我認為企業架構內部有潛力去矯正、改革問題。我們已經在第二章中看到，有許多最為認真抨擊企業的評論，其實都反映出人性更為普遍的限制，而在某些情況中，企業其實能改善我們潛藏的道德瑕疵。

公司會透過經濟市場力量來壓迫勞工嗎？

那麼老闆們掌握著能夠控制員工的經濟力量，又怎麼說？許多如哲學家伊莉莎白．安德森（Elizabeth Anderson）等評論者認為，職場關係基本上就是權力與強迫的關係，不過我也看到有強烈的競爭壓力讓老闆必須善待員工。工作本身有許多可能不對的地方，包括極長工時、不怎樣或超爛的薪水，還有不公平待遇或解雇問題，但是從數據顯示的整體情況來看，現代美國的工作大部分都是正面經歷，不只在財務上如此，在情緒上也是如此。

近來在經濟學家之間，很流行強調一個叫做「買方壟斷」（monopsony）的概念，用這個詞彙來形容一家公司對其雇用的員工，擁有非常大的市場力量。想像將「賣方壟斷」（monopoly）顛倒過來，成為對員工而非對顧客的問題。不過尚未有證據顯示，這種現象是低工資背後的嚴重問題或明顯助力，薪資成長在這幾十年來會這麼緩慢的主要原因是，生產力成長相對緩慢，而非員工的權力。一項研究的結論認為，即使像沃爾瑪超市這樣長久以來都是美國最大的私人企業雇主，也未明顯握有買方壟斷力，除了在美國部分鄉間地區可能如此。若是沒有明顯的買方壟斷，就有可能面臨員工出走的危險，以及更重要的是，想要吸引更優秀的新員工，如此員工便有相當大的自由度。在其他情況下，買方壟斷可能存在，但並非問題，例如比起其他許多互相競爭的大學，我更加願意在喬治梅森大學（George Mason University）教書，但這是因為喬治梅森大學待我很好（到目前為止！），而且如果有許多其他員工處在類似的處境，這是因為他們跟現在的雇主相對還滿契合的。也就是說，雖然這個詞聽起來有點邪惡，買方壟斷不見得就是某種剝削。[16]

很多員工都會慢慢離不開目前的公司，因為他們在這裡有朋友、和老闆關係很好，也喜歡通勤的方式，或者有一個舒服的角落辦公室，裡面還有沙發。事後看來，這讓許多公司能對員工多少有些控制力，可以理解成員工離職的認知成本提高，但是公司要獲得這種可議價的位置，就必須先提供員工一大堆他們想要的東西。

談到員工流動率並沒有理想上那麼高，稅務系統又是一個並不邪惡的原因。我們都知道薪資要扣稅，有時候稅率還頗高，但是業務津貼通常不會扣稅。如果老闆幫你買了一張舒服的椅子，或者給你彈性工時，這些基本上都是某種補貼，但是你不用為此繳什麼所得稅或社會保險稅，因此可以說，比起直接給錢，老闆以補貼的方式付給員工的價值更高。如果薪水和津貼要以同樣的稅率扣繳，勞資可能就有一方占上風，相對於這樣的情況，所以津貼對薪水的比率就會相當高，而且是往津貼那一邊靠攏。經濟學者會說，考慮到補貼的整體數據，津貼實在超過基本薪資太多了，因為有些津貼在本質上就是某種避稅。稍微簡單一點解釋這個經濟論點，那就是老闆對員工太好，而付的薪水又太少。下次你聽到有人說市場未能賦予勞工足夠的自由，或在職場有足夠樂趣，要記得這一點。

在結束這一章之前，我想要強調至少在僱傭關係不平等中，有部分原因並不是企業的錯。在很多情況下，員工真的很難離職，但是更完善的公共政策能夠降低這些成本，健康保險、退休福利和移民狀態等特殊狀況，通常都跟特定工作緊緊綁在一起，這些大部分都是法規與稅法的硬性規定；而一家特定公司能夠提供有價值的東西給員工，就會讓這個員工不願意或害怕離開這家公司。例如有很多工作簽證都牽涉到，必須繼續受雇於原本提供簽證申請的公司。我們容許了太多競業協議的存在，禁止員工跳槽到競爭對手的公司，如此便限制了流動性，也讓員工更難得到加薪。要改善這些法律應該很簡單，藉此能夠改善許多美國人的生活。

有時候問題出在**其他員工**身上。例如我就聽過很多人批評，公司讓員工無法擁有充分的個人或智識自由，像是有些評論者就指出，公司可以因為員工在臉書或其他社群媒體的貼文，就開除他們。當然這聽起來好像是對言論自由的不合理侵犯，但是仔細檢視之後就會發現，這些公司的立場通常都滿值得為之辯護。不幸的是，有很多員工會在自己的臉書、推特或其他地方，貼出種族歧視、性別歧視或其他令人為難的評論和照片；而當老闆開除他們時，常常是為了要保護**其他員工的自由**，也就是讓這些其他員工能夠享受沒有騷擾和威脅的職場環境。並非每次，或者甚至說經常也不對，都是老闆對上員工的問題，或是員工與老闆對抗的老調故事，而是老闆努力想要仲裁員工之間對職場自由的不同認知，有時也是徒勞一場。也就是說，開除有一部分也是雇主為了要考量到員工的整體偏好。「職場自由」的概念通常不是員工對上老闆，而是一群員工對上另一群，而且員工通常也最討厭自己的同僚，而非老闆。沒錯，老闆常常會做錯某些決定，但是我們並不是總能好好理解這些職場兩難中的企業立場。

坦白說，事實就是：大多數人都不希望自己的同事最後會掌控公司，因為他們更願意信任老闆。其實他們可能相信老闆比相信自己更多，畢竟很多員工都需要某種程度的外在控制，而他們自己經常也很明白這點。[17]

為什麼在很多職場情況中，雇主需要能夠自行裁決，有一個相當簡單的原因：許多員工的過失和不良行為，就是沒辦法事先用書面合約來管束，所以老闆必須根據每個案例不同來做決定。再者，考慮到合法與否，也不是可以立即開除每個惹麻煩的員工；在此同時，老闆可能想要約束這些員工的表現，以保護其他員工。在少數情況中，運用雇主自決可能會產生濫權，而你確實也可以在媒體上找到很多這類濫權的案例，從員工莫名其妙就遭到大聲咆哮，到有員工因為捐款給特定政治選舉陣營就被開除，只是書面上寫的原因不一樣，但是證據依然顯示，**雇主能夠相當自主決定開除與否對員工和顧客都有利**，這不只是對老闆有利，而且這份利益更超過其中花費的成本。[18]

同時要考慮到比較性觀點，你可以看看由員工擁有並營運的合作社，或是由員工管理的公司，因為這些組織形式有時候在競爭市場中是可行的，但是這些架構其實並未讓其員工擁有明顯更大的自由。一個問題是這些組織的獲利和效率通常就是比較低，他們也就比較難讓員工擁有高薪資或更好的工作條件。另一個問題是，如果員工只是表面上受管控，他們可能會一直想方設法讓其他員工工作就好，這也是傳統雇主會很擔心的問題。資本主義的邏輯並不容易找到替代品，而不同的組織形式雖然聽起來可能比較好，但通常無法改善主導職場的基本交易關係，還很可能讓這些交易變得更糟，或者更難妥善管理。

再舉一個例子，勞工管理合夥關係通常會讓員工**更沒有**個人自由。傳統的投資銀行和法律合夥人希望自己的老闆兼同僚，能夠謹守某些相當嚴格的社會及職業守則，包括在職場之外亦然，像是服裝打扮、行為和公眾禮節。更廣泛來說，當員工擁有股權而有動機互相監管，監管就會比較容易，因此企業便會更願意這麼做。再說一次，主要的問題不是想要控制的老闆對上想要自由的勞工，最有可能會限制了某個員工職場自由的人，常常就是另一個員工。[19]

也就是說，我們可以讓員工來主導，但是不能跳脫管理一家有生產力的成功企業的基本限制，市場競爭自然就會產生這樣的限制。

第五章

美國大商業的壟斷有多嚴重？

近來對於美國商業最常出現的批評就是壟斷，而且這現象愈來愈嚴重。我認為這個論點在某些方面是真的，不過評論者也言過其實了，尤其是過於誇大了其損害。市場集中度提升了，其中有一部分對消費者有益，不過在像是健康照護和教育等領域中，壟斷是因法規而非商業本身所造成的結果。在這一章中，我會講解幾個在美國的壟斷與市場力量的基本事實（科技業是能夠用來解釋美國商業現下狀況的典型範例，也就是集中程度更高，但相對較不會傷害到消費者及某些非常實質的利益，下一章會單獨討論科技業）。

首先要談談比較廣泛的壟斷史。大部分壟斷事業即使有政府的某種協助或進場限制，來支持他們，但就是撐不了太久。例如在我長大成人後這麼長時間以來，下列公司在某種程度上都被稱為壟斷企業，或擁有無法動搖的經銷權：柯達（Kodak）、IBM、微軟、Palm手持裝置、黑莓機（BlackBerry）、雅虎（Yahoo）、美國線上（AOL）、迪吉多（Digital Equipment Corporation，DEC）、通用汽車，以及福特汽車。通用汽車和福特仍然是大公司，卻也不斷面臨更多競爭對手，例如豐田汽車（Toyota）一直都是更為重要的家庭房車製造商。我很高興聽到有人說或許通用汽車會「動搖」特斯拉，但這麼說主要也反映出這家公司已經處在相當弱勢的地位。在這份名單上，只有微軟這家公司仍握有主導市場的影響力，不過這段時間以來已經很少有其他公司懼怕，或者認為它是壟斷的主要來源。這家軟體公司十分龐大，有時還挺官僚的，不過為許多美國民眾提供了實用的服務。

要記住，就算是最大、建立最久的公司，所有公司都有某種程度的脆弱，它們會變得更官僚、無法預測重要新產品的樣貌、市場條件會轉而對它們不利、外國競爭者進入市場、破壞性科技（disruptive technology）可以「改變一切」，又或者他們活力不再的同時，成本也增加了。最重要的是，資本主義的悠久歷史其實也是市場流失（market churn）的歷史。不久以前，有人擔心諾基亞（Nokia）在未來會宰制手機市場很長一段時間，而如今這家公司甚至不是什麼重要角色；也有很多人曾經認為 Myspace 擁有「先進者」優勢（“first mover” advantage）。也就是說，壟斷的代價消解的速度比很多人所了解的還要快，就算初期的競爭不一定是立即可見，其力道仍然強勁。

稍後我在這章會談論到，某些案例是壟斷愈來愈明顯的，不過首先要說好消息。美國經濟的大多數領域中，消費者比過去擁有的選擇明顯多了很多，至少在市場能夠操作的部分是如此。即使集中度指數攀升，就像在零售業中大多是如此，不過要從既有的商家中出走也簡單多了。例如說，我想要買一本書，以前我最喜歡的博德斯書店（Borders）已經消失了；而我所居住的北維吉尼亞州，也沒有很多經營順利的獨立書店可買到新書，但是我仍然可以從亞馬遜網路商店上眾多供應商手上，買到新書或二手書，我可以從 eBay 上買，又或者可以在谷歌上搜尋書名，找到一大堆其他賣家。如果我最後還是在亞馬遜上買書，那是因為這裡的價錢很低，而且服務也很好，一部分是因為一旁還有虎視眈眈的競爭者。即使亞馬遜看起來好像「主宰市場」，做為一名買書的讀者，我所擁有的選項實在不能再好了。另外，非法下載的免費PDF檔案又是市場上另一股競爭壓力，不過我自己沒有做過，也不容忍這種行為。

資訊科技也重塑了服裝市場的樣貌，比起過去，在零售服裝業中似乎較少出現天翻地覆的變化，幾個特定品牌和連鎖店存活得更久，或許是因為在資訊科技上做了有效投資。它們不像過去的主要服裝連鎖品牌那樣容易「脫節」，而是能夠非常緊密追蹤顧客需求，有些還擁有低成本的暢貨店，讓它們也可在較不昂貴的市場區塊中占有一席之地，這表示即使市場集中度上升，消費者依然有更多選擇。而且，現在用網路或出門旅行到其他區域買衣服，也更簡單了，當然不是人人都這麼做，不過同樣的道理，潛在的對手和市場競爭代表了，目前的市場龍頭必須在價錢和品質上，都盡量契合消費者的喜好，而從這個例子也能說明，因為有潛在對手，各位就不太需要擔心市場集中度上升。

更普遍而言，比起過去，現在有更多美國人能夠出外旅遊了，無論是在國內或國外皆然，他們也就能夠接觸到比以前更大量的商品，而能夠到更多地方當場消費也是一種（未評估過的）影響因素，讓我們的經濟競爭可能比一開始所想的更為激烈。例如，如果你不喜歡住家附近所賣的烤肉，可以等到去德州玩的時候再買，或者下次去香港的時候購買幾套新衣服，像這樣跨境的套利在幾十年前要困難多了。

目前國內的零售業環境似乎是比過去有更明顯的價格歧視，大部分是因為各家公司都更加熟悉運用數據，所以同樣一家公司就會根據不同層級的消費者，以不同價格販售款式相當類似的衣服，這表示那些願意費工夫的消費者能省下更多錢，例如花時間在當地尼曼馬庫斯百貨（Neimen Marcus）特賣會搜索，或是有設備能夠在網路上進行快速而資訊豐富的搜尋，而有些人會走進某家購物中心，直接買下第一件他們覺得符合需求的衣服（如果你想知道的話，那就是我），或許就要付多一點錢。這樣的情況並非對人人都有益，不過也實在說不上什麼誇張的壟斷。再說，大部分得益都不成比例地落在了更有時間、更願意搜尋資料的人身上，這些人會逛遍特賣會商場和便宜的服飾店，而且他們不會就這樣走進諾德斯特龍百貨公司（Nordstrom），從架上挑一套衣服就走；價格歧視通常是平等主義發展的結果。

確實我也發現在零售市場的核心中，贏者全拿的現象可能愈來愈多，例如在一九八二年，前四大品牌平均起來大概占了百分之十五的市場，而到了二〇一二年就提升到了百分之三十。有些領頭的公司能夠、也企圖透過全面行銷與產品發展，推出知名的全美品牌，讓其他較小的公司望塵莫及。我不認為這樣是理想的發展態勢，不過這些供應商仍然受限於在零售業一隅逐漸增長的競爭活動，一部分仍然來自於線上資源。在討論到價格和產品選擇時，事實情況要比你單看集中度指標要來得更加正面。[1]

如果要買很普通的便宜東西，可考慮去達樂商店（Dollar General）和美元樹商店（Dollar

Tree）這二家最大的一美元[2]連鎖商店。在二〇一七年，這二家業者加起來共有二萬七千四百六十五家店，比CVS藥局、來德愛藥局（Rite Aid）和沃爾格林藥局（Walgreens）的數量加總起來還要多。我們從中學到一件事，美國零售業要面對太多超低價格的競爭，而無暇做太多哄抬價格這種事。比較細微的觀點是，一元商店這個領域本身的佼佼者中，便有相當程度的集中度，但是這當然又是另一種解釋，為何集中度指標可能會誤導的原因：「他們占了全國一元商店市場的一大塊！」要想維持高價格，這麼做實在不合理。[3]

在討論零售業的時候要記住，過去曾有一整個分支的反托拉斯法（antitrust law，反壟斷法），專門規範所謂的縱向約束，一個例子就是維持轉售價格（resale price maintenance，RPM），也就是明文規定製造商將產品賣給零售商時，要維持固定或最低多少的價格（注意有時候是**零售商**要求這麼做，希望能夠串通上游製造商維持高價），一些經典的RPM案例包括藥局銷售的牙膏、書店裡的書，以及超級市場裡的罐頭食品等等，還有許多其他類型的商品。近日已經很難找到零售價格真正受到限制的案例，或許會受限於特定品牌、名稱或產品線，不過幾乎總是有辦法以不同的價格找到類似的替代品，而且通常是便宜很多的價格。沃爾瑪超市、eBay和亞馬遜網路商店都壓低價格來，販售數量多到驚人的品項，而非讓價格居高不下。或者，你可以在谷歌上搜尋其他更低的價格，如果這些方法都行不通，也可以從中國的阿里巴巴（Alibaba）訂購。這些縱向約束大部分都已經無關緊要了，因為消費者只要稍微費一點力就能規避。

我認為大部分法規，以及針對維持轉售價格的強制作為，如今已經過時了，法條還在，也還有學者會進行研究，但是大多是懷著一種對過往舊規的好奇，反映出過去有何擔憂。

更廣泛來說你可以這麼想，有許多共謀及固定價格的計謀已經不再管用，或者對消費者不再有巨大影響力，亞馬遜和沃爾瑪就是二個主要原因。亞馬遜和沃爾瑪是美國二大零售龍頭，二者的競爭優勢都是壓低價格，而且似乎是永遠低價。它們的目標是成為眾多不同商品的主導銷售平台，並利用低價來提升知名度，以及成為逛街買東西好去處的重要目標。如今，這二家公司都不是什麼新聞了，而且也愈來愈難主張他們的策略就是最終要主宰市場，然後某一天抬出超級高的壟斷價格。不過他們的策略似乎就是一直維持低價，接著就能獲得大量到不可思議的生意，運用數據蒐集科技來計算成本並提供優質服務，以贏過競爭對手。沒錯，低價、大量，還有高品質，完全與傳統想哄抬價格的壟斷企業會採取的策略背道而馳。這些公司不只是提供了物美價廉的好交易，而且它們的存在就會讓許多想要壟斷市場的公司心生畏懼，不再以為自己能夠以高價來宰制市場，畢竟誰會想要跟亞馬遜和沃爾瑪做價格競爭呢？

還有另一個主要原因，讓壟斷的力量在近來變得沒那麼容易令人畏懼：一個近乎無所不在的新競爭者，握有大量產品，也就是新型態、更加進化的閒暇時間。在過去，當我觀察著排隊的人們，他們經常無所事事，就只是等著；而如今，排隊等候的人們會查看自己的智慧手機、簡訊，花時間瀏覽臉書，或其他有行動網路就能進行的活動，而且他們似乎真的永遠不會厭倦這些事。有時候我會稱行動網路是「萬能替代品」，來說明某些經濟學術語。

在這樣的情境下，如果有某個供應商想要獨占像是蘋果、電影或滑雪靴的市場，會發生什麼事呢？如果有需要的話，消費者大可以舒服地坐在家中，花更多時間滑臉書，而且對他們而言，這樣的結果也夠好了。要記住，不一定真的要有人切換到「臉書時間」，不過這已經是相當明確的威脅，能夠限制住許多想要壟斷市場的人。簡訊和社群媒體並不足以替代一切，這些無法代替一位病人所需的心臟移植，也無法彌補瀕臨斷炊之苦，但是想想這些能夠代替多少我們的日常活動，實在驚人，我們日常生活中，有多少時間都轉移花費在這些活動上，便足以證明這點，而這便是行動網路隱而不宣的重要價值，不只是樂趣，更是一種近乎萬能的消費替代品，能夠透過許多看不見的方式來壓制壟斷的力量。你說這是成癮，我說這是破壞壟斷（trust-busting）。這些日子以來，幾乎所有供應商無論自己知不知道，都是在跟臉書、社群媒體和簡訊競爭，要打贏這場硬仗可不容易。

還有更多數據顯示美國經濟的整體集中度正在上升，不過我們必須更謹慎檢視這些數據。根據其中一項統計，直至二〇〇七年，當時掌握了半數或以上市場的四大公司，占了美國製造業約百分之四十，而在一九九二年時，還只有百分之三十，不過真的有跡象表示製造業的壟斷或寡占成了大問題嗎？更廣泛的證據顯示出美國製造業的產出，一直是依循穩定的步調成長，而提供零售的製造商品也明顯更加便宜，近來有眾多新聞報導了製造業，採用節省成本的自動化製程，而且又有更多來自國外製造商品的競爭。如果說我不會擔心美國經濟的哪個領域出現壟斷情況，那就是製造業。如果美國製造業的壟斷真的愈來愈明顯，我們就得拋棄這些所有故事，包括自動化研究，還有進口中國製商品搶走了美國人的工作。要記住，不是所有抱怨同時都有理，這是在討論美國商業時太常被忽略的道理；事實是出口量提升、價格下降（經過通膨調整），而在製造業中有某些部分回饋給勞工的利潤減少。[4]

順帶一提，還有證據發現集中度比率的提升，與政府對商業管制的提升有相關，隨著政府對商業有愈來愈多管制，比較大型的企業能夠成立有效的法務及法規部門，相對便有利。法令就像是一種經營生意的固定成本，讓人不想進入市場。不只是法規限縮更加嚴格與市場集中度比率的提升相關，而且在一九九〇至二〇〇〇年這段時間法規愈來愈嚴格之後，市場集中度也跟著提升。這些相關關係並不完全代表有因果關係，但是至少、至少可以說，政府法規有可能是市場力量崛起背後的重要推力。[5]

真正的壟斷問題在哪裡？

既然製造業和零售業似乎都還不錯，或者從競爭和壟斷的角度來看可能還是相當好，那麼美國市場力量的真正核心在哪裡？

正如我所提過的，今日的美國經濟確實有幾家相當值得注意的超級巨星公司，在寫作這本書的時候，名單上包括谷歌、臉書、亞馬遜、沃爾瑪、蘋果、埃克森美孚（Exxon）、各家汽車大廠、聯合健康保險（UnitedHealth）、CVS連鎖藥局，以及AT&T電信等，在此不再詳述。

但若是從傳統的壟斷理論來解釋這些公司，大部分都無法說清楚、講明白，這些公司反倒是充滿動能的組織，追蹤著市場動態並不斷創新，最後提供出各式各樣或新或舊的產品。這些企業以他人的進展為建立的基礎，並非常擅長從其他公司學習，用比較專業的話來說，你可以說這些組織以很低的花費，便取得許多無形資本，通常是以資訊科技專業的形式，同時也是以相當健全的企業文化形式。因此，這些企業常常不必抬高價格也能賺取高利潤，而且競爭者也很難模仿。個別產品或許可以仿製，但是超級巨星公司做為強大的學習組織這個概念，代表了其中潛藏著相當複雜的公式，而且需要大量尋找、雇用、培養，然後留住人才的專業，這些並不是某個懷有抱負的競爭者可以輕鬆一夜學成的技術，所以最重要的是，美國這些超級巨星公司，都已完全掌握了人力生產這方面幾個最為關鍵的元素。[6]

在這樣的背景之下，我們真正需要的是更多超級巨星公司，可以說有很多特定商業並沒有完全正視自己的商業本質，而是太過自滿，結果讓機會從指間溜走，而不在更多邊際領域積極開發並培養人才。

如果我們要考慮在今日美國的經濟中，最大的真正市場力量問題是什麼，我會從健康保險領域開始。例如說，因為公司合併，已經將美國的主要健康保險公司從五家縮減到三家，在美國內有許多地方，只有一項承保公司銷售政策可供交易，或許二項，而整體說來交易情況，並未發展成許多人希望見到的那種激烈競爭的市場。或許更重要的是，醫院也經過了重大的整併，長期的趨勢都走向更為集中、更高的價格。美國有許多地方都只有單一的醫院產業鏈，銷售服務給大部分當地市場，除了會造成更高的價格，如果你也跟許多美國人一樣，不滿意醫院服務的品質，要去別的地方就醫也更困難。[7]

這些發展在我看來，是美國現今唯一最大的市場集中度問題，而且我想評論者有抓到重點了。不過我會說這樣的市場集中度，在某個程度上是嚴格法規限制的結果，而非商業本質自然發展造成的。對於我們應該怪罪於歐巴馬健保（Obamacare），或者要怪罪共和黨人未能好好支持歐巴馬健保（或是二者都有一點責任），旁觀者的意見不一，不過至今未有依據市場而產生的理由能夠解釋，健康保險事業怎麼會像這樣變得如此集中。保險公司合併，是為了應對遵守法規必須付出的高昂成本，大型公司才比較容易做到，同時規模經濟體在遊說政府時較為有利，遊說在美國的健康保險政策這部分，已經是日漸重要的活動。保險公司的合併有一部分也是為了回應醫院合併，以求能夠在償還率方面得到一些補償性的定價能力。最重要的是，醫師和協助醫師的人員數量受到法規的強力限制，同時還受到限制性的移民政策影響。我還會考慮一種新政策，讓年長的美國人把政府補助的健康保險，帶到墨西哥使用，讓他們能夠保住一半的儲蓄。

醫院合併有部分原因則是新資訊科技中的規模經濟，同時還必須應付嚴格的法規及責任風險，二者都讓開設新醫院的成本提高，而且也對已建立起完整法務與法規部門的大公司有利。這裡提出的論點並不是說應該採取零法規，而是要指出目前之所以會出現這樣的醫院集中度，基本上是透過政治和法律選擇的結果。我們希望醫院系統看起來有多安全，我們的機構最後能夠補助的服務提供者就愈少，不過考慮到降低價格及改善品質的競爭力，我想這個問題應該開放各方辯論，無論這樣的醫院系統是否在長遠來看真的會更安全、更有效能。

如果要討論，在業界法規最嚴謹以外那些部分的健康保險公司，值得注意的是，這些公司的集中度就下降許多了。簡便型健保診所（retail health clinic）過去並不常見，不過現在全國各地許多購物中心和商店街上都能看見了，包括許多藥妝店和沃爾瑪也都有開設。簡便健保一直是業界成長幅度最明顯的一塊，讓接受醫療變得比過去簡單多了，只要走進一家診所或藥局就能立即得到服務。最主要是這些診所降低了價格、更容易得到服務，讓許多需要某些醫療照護的病人能有所喘息，這些人可能覺得很難跟醫生約診、或覺得正式約診的醫生費用太高，又或者他們只會造成急診室的負擔。這麼做是朝向降低集中度大大邁進一步，而且也是互相競爭的市場力量直接造成的結果。如果美國聯邦醫療保險（Medicare）能夠貼補醫療觀光的費用，醫療供給的競爭會更加激烈，如此能夠降低價格、增加選擇，而且也讓病人的儲蓄占比提升，他們就有合適的動機到處買東西。同樣地，你或許贊成或不贊成這樣的政策，但是這顯示出如果供應方的集中率升高，也是某些刻意的政策決定所造成的。

我們還能在哪裡發現明顯有壟斷和定價能力的跡象？手機電信服務及有線電視，是美國另外二個比其他已開發國家更高價、更集中的領域。關於手機電信服務，美國的立法者最好要多做一些努力，來鼓勵更多競爭者進入市場，在我寫作本書時，威訊通訊與ＡＴ＆Ｔ是二大供應商，T-Mobile 和斯普林特（Sprint）目前也是，不過規模略小。或許這些公司不會故意串通一氣，但是它們有時可能會在相對較高的價格點互相配合，然後堅持定價，享受消費者所付出的相對較高利潤。

一部分的我期望透過市場競爭的自然擴大，而能夠進一步降低這些價格，同時一套優秀的政策，或許就包含了反托拉斯的警戒措施，就像在二〇一一年，美國司法部阻擋了ＡＴ＆Ｔ與 T-Mobile 的合併案。政府也應該將更多由政府持有的頻段賣給私人企業，如此能夠提高網路效能，最終可以降低價格。而在地方層級放寬鄰避（not in my backyard，NIMBY）法規，讓建設基地台比較容易、降低成本，也讓新競爭者更容易進入市場。持平而言，手機電信服務公司的一些問題，其實是因為這個國家的規模：要建置全國網路，必須涵蓋非常長的距離及許多鄉間地區，因此成本和最終的價格都會提高。不過一般仍普遍認為，這個國家的手機電信網路可以、也應該更便宜。

好消息是近來手機的價格已經大幅降低，例如從二〇一六年四月至二〇一七年四月，無線網路服務的價格下降了百分之十二．九，這是價格戰和吃到飽費率普及的結果，這樣的趨勢或許會、或許不會持續，但是我們不應該將美國的高價無線網路，當成經濟局勢的固有特性，供應商很有可能會繼續想辦法提供消費者更優惠的方案，這當然是為了跟別人競爭。[8]

說到有線電視，這也是取得寬頻網路有時還包括住家電話服務的管道，美國應該要採用共同載波系統（common carrier system），許多國家都是這麼做。基本上，這樣的變革必須讓「管線」(pipes）的擁有者或控制者，以算是平等的條件將之開放給競爭公司，在這個案例中就是指纜線。其中一個版本的變革稱為「用戶迴路細分化」(local loop unbundling），能夠強化競爭、降低價格，並讓消費者享有更高品質的服務。可惜美國沒有這樣做，部分是因為有線電視服務公司遊說了地方政府，希望能限制競爭，要說商業對政府直接發揮了惡劣的影響力，這就是一個例子。

不過就算是有線電視，我們也必須確實理解市場集中度的問題癥結。租訂有線電視服務好像很昂貴，所以上百萬的美國人都選擇「斷線」。不過在我小時候，觀眾重度依賴著少數的主要電視頻道，收看一些類別有限、品質不一的節目，甚至連夢想有高速網路都不會。可以說過去在一九七〇年代，優質的有線電視價格實際上是昂貴無比，就像高速網路的價格一般。如今你可以付費收看上百個頻道，還有相當快速的網路連線，這個價格都比過去低太多、太多。只要不斷有各種創新出現，從目前的高價來討論會讓人誤解，畢竟雖然價格還是相當高，時間一長，隨著品質提升也會跟著大幅降價，所以任何針對有線電視壟斷現象的批評言論，都應該考慮到更廣泛的認知，從近三十年來看，這個區塊的品質與多元化都一直有實質的長足進展。

另外一個看起來似乎也展現出更為經濟集中現象的區塊，是航空業，從二〇〇五至二〇一七年，美國從九家大型航空公司縮減到只剩四家，聽起來似乎壟斷得很嚴重，但是壟斷的典型經濟徵象是限制產出。然而事實上，在美國的總飛行里程數是穩定成長，而且重點是在調整過一般通膨後，飛航變得愈來愈便宜。一部分原因是，出現一群規模小很多的廉價航空在邊際區塊競爭，迫使大型民航公司降低價格。但還是一樣，光只是看整體的集中度比率，並無法了解真正的問題；事實上在個別市場中，集中度似乎完全沒有上升。如果有什麼問題，那便是有許多飛往美國一些中小型城市的航線停飛，但那並不是壟斷的問題，而只是這些航線無法獲利。[9]

而且國內航線市場的一個大問題在於，外國民航公司依法是不能服務國內航線的，若是廢除這條法律就能鼓勵更多競爭，迎來廉航的新紀元。大多數情況下，如果出現了壟斷或部分壟斷，其實都是因為法規的問題。要注意，外國民航公司的進入也有助於以創新來降低成本，然後便能增加飛往那些中小型城市的航線，解決目前運能不足的問題。

好，關於壟斷的負面問題，我已經提到了醫院、有線電視及手機電信合約，而我們可以、也應該用更好的政策來彌補；還有呢？

在這個問題上要有所進展，一個方法就是透過典型國人的家庭預算來看待。顯然，如果我們檢視娛樂、資訊、多數零售商品和電力等，價格已經快速降低，選擇也愈來愈多元化，那麼會出現問題的主要花費是什麼？跟市場力量又有何關係？

健康保險當然是個問題，正如前述。

房租，或說是房屋支出，也是個問題，不過這大部分並不是單一賣家或一小撮賣家所造成的壟斷議題，有很多房屋可以買，也有很多公寓可以租，而且我們不必付高昂的費用給壟斷者，反而是在競爭激烈卻又有高度限制的市場中，要付出昂貴的價格。合法加諸在建築物上的限制，讓房租和房價變得高很多，這是個嚴重的經濟及社會問題，不過仍然不算是市場力量問題，而且大部分的壞人都是地方屋主，他們會推動鄰避主義和建築物法規，不是大企業。要在美國大城市及郊區中規畫更多高密度、低房租的房子，應該要更容易，畢竟舊金山、奧克蘭、波士頓和紐約市絕對都還有蓋房子的空間。

接下來是高等教育，近幾十年來的公告費用同樣也大幅上漲，這也是經濟及社會問題，不過已經超過了這本書要討論的範圍。無論如何，就跟房地產的問題一樣，這裡的問題在於費用，而非壟斷。提供高等教育的機構有很多，互相激烈競爭，你或許會認為它們有所勾結，限縮了像常春藤聯盟和其他菁英大學的入學管道，確實也曾經有人提起成功的反托拉斯訴訟，控告頂尖大學，認為它們把獎學金只留給表現最優異的學生。不過如果要討論一般美國家庭是否負擔得起高等教育的問題，就算因為大多數學生無法進入頂尖大學，或甚至連申請都不用想，這些學校也不是罪魁禍首。對大多數人而言，主要的負擔能力問題在於中等學校和大型的公立學校，大部分學生就讀公立學校的學費，都是考慮過成本而給予特別補助。如果你想要抱怨的話，就抱怨補助減少，或可能是成本膨脹，但問題本身並不在壟斷，因為你的公立學校費用低於市價，可能跟你所得到的教育品質有關（如果說你所居住的州只有一家主要的公立學校，不，如果只有一個供應者願意用，比方說低於現行市價百分之五十的價格提供服務，那也不是壟斷。）而且在社區大學這部分，學費一直都相當穩定，至少將助學金和學費減免都考量進來後是如此。事實上，如果考慮到所有的優惠，社區大學的學費淨額從一九九二年起便不斷降低。[10]

從幼稚園至初中的學校教育，可能是明顯壟斷的問題案例，但這當然不是商業的錯，而是政府部門及某些刻意為之的政策所造成的結果。

總結來說，美國經濟中由商業驅使而產生的壟斷問題，相當容易辨別，而且數量也相當少，我們可以、也應該要處理。我比較擔心的是，美國經濟中有許多領域的市場集中度比率逐漸上升，但是這些市場大多好像還滿有競爭能力的，提供消費者許多選擇。到頭來，提出問題的分析者通常都誇大了問題，很難找到對消費者有何損害，美國的市場競爭依然積極而激烈。

第六章

大型科技公司很邪惡嗎？

許多科技宅都非常喜愛谷歌最初的座右銘：「不作惡。」（Don't be evil.）而且確實，有很長一段時間，這家公司似乎是實現了這樣的抱負。三十歲以下的人大概不會知道，在谷歌出現之前，在網路上搜尋資料就像亂槍打鳥，而谷歌大大增進了我們的搜尋功力，讓我們得以找到正確的餐廳評論、查詢醫療資訊、研究約會或商業交易對象，並且能夠循線找到老朋友；更不用提谷歌讓我們能夠建立好用、以網址連結為基礎的部落格，還有許多其他進展。谷歌改變了我們的生活，而且是改善非常多，即使我們有時會誤用，例如以網路上搜尋到的保健資訊代替認真的醫療建議。而且有很長一段時間，我們都非常敬重這家公司，願意完全不收我們一毛錢，便提供這些服務。

但是不知道在什麼時候事情有了變化，谷歌仍然免費提供高品質的搜尋服務，不過卻有愈來愈多人相信，谷歌和許多其他大型科技公司是邪惡的，他們描述出一家公司大量投資在更加卓越的數據資料，是其他競爭者無法企及的地步，也就讓公司取得了在網路廣告市場的主導地位，然後他們說這些公司之所以免費提供服務，卻要我們付出隱私權做為代價，暴露在處處監控的環境中（對了，既然我通常談論的是有一點久遠之前的事，大部分時間我還是會用「谷歌」來稱呼如今的谷歌，再加上母公司字母〔Alphabet〕，自二〇一五年起，谷歌便是字母的子公司）。

尼可拉斯．卡爾（Nicholas Carr）從另外一個方向討論，他寫了一本書主張谷歌要為我們的記憶力下滑負起部分責任，既然網路上就搜尋得到，何必記得什麼事實呢？他大膽斷言谷歌讓我們變笨。更近以來，社群媒體公司也遭受責難，怪他們讓川普崛起、種族主義復起、「假新聞」（fake news），還有恰當的民主論述淪落崩壞，罪狀從「免費提供超棒服務」變成了「產品就是我們自己」。

針對美國大企業的敵意並不是新鮮事，但是關鍵的問題當然是這些批評有多少是正確的，最主要的是，為了繼續寫這封我對美國商業的情書，我希望能為科技公司說幾句話，尤其是大公司。它們讓人與人之間比以前更加親近了，無論在情感上或知識上皆然，主要管道就是社群媒體；同時，它們讓我們得以接觸世界上如此豐沛的資訊，而且通常只要幾分鐘、甚至幾秒就能取得。無論這些發展可能會帶來什麼樣的問題，這些成就都是無可比擬的，甚至可以說是現代世界最傑出的進展。而且，完全就我個人的經驗來說，我發現能夠擁有功能強大、可搜尋、可分享又可移動的網路，讓我能接觸到從來無法想像更為廣大的公眾，大型科技公司讓我們擁有便於使用的網路，讓我的事業出現前所未有的重大變革。

所以有什麼不好的呢？是有一些缺點，我在這一章的後半會專門解釋這部分，說明在未來及現在可能會出現什麼問題，其實也就是我們的隱私權。我並不是特別介意科技公司儲存我們的個人資料，但是儲存及使用資料的條款都不透明，也不是每次都能乾脆選擇不儲存，而且這些公司並無法完全隱密而安全地保存資料，層出不窮的駭客入侵事件就是證據，包括二〇一三年雅虎電子郵件的重大資料駭入，以及二〇一七年消費者信用報告公司易速傳真（Equifax，其實不是科技公司）的駭客事件，更不用提臉書多次非法外洩資料。我會更詳細說明這些批評，不過現在我先這樣說，我認為科技公司所帶來的益處仍然遠遠超過其代價，證據就是沒有多少美國人很努力選擇不去使用這些服務。

無論如何，首先我想來討論壟斷及競爭消失的指控。很容易就能發現當前的科技產業，有許多公司似乎都主導了某一特定領域，例如谷歌、臉書、eBay、網飛、蘋果、Snapchat、推特，還有微軟等等公司，但是我們應該怎麼看待這個現象？這些新興科技壟斷公司，就跟往日那些哄抬價格的壟斷公司一樣壞嗎？至少到目前為止似乎完全不是如此。

這些許多「壟斷公司」（如果這是正確稱呼）當中，有些是不收取費用，有些收取的費用，則是比網路出現之前的同類型公司要低很多。eBay 有抽取佣金，從來也沒有使用過不收費的模式，不過一般而言，與其把一大堆二手商品裝箱送到各處去賣，或賣給古董店，還有安排在店家寄售或直接賣掉，放在 eBay 頁面上賣還是便宜太多了。微軟的產品要付費，不過若是考量到多次轉用、教育優惠以及盜版，實在也不能說這家公司索要高價，它每賣出一份微軟 Word 文件編輯軟體，就會有其他是盜版或再製，這些都無法讓微軟收取到它所設定的傳統銷售價格。蘋果是名單上收取高昂價格的公司，至少其硬體是如此，但是在 iPhone 出現以前，你不管出什麼價錢都買不到那樣的東西。而且在 iPhone 初登場的幾年間，市面上就出現了許多種更便宜的智慧手機機型，後來這些機型便取得了大多數的市占率。在寫作這本書的時候，智慧手機因為從中國進口的產品而變得更加便宜，這些產品的品質有可能會快速改進。不論蘋果是否想要這麼做，都推了這些比較便宜的產品一把，而且這家公司由始至終都知道自己最後會創造出競爭者。因此以價格這一點來攻擊大型科技公司並不正確，也有失公允，尤其是跟這些科技公司並不存在的反事實情況比較起來，更是如此。

但是從另一個方面又出現了新的指控：大型科技公司主導它們的平台，因此可能會限縮了創新。例如說，如果谷歌掌控了搜尋，而臉書掌控了一部分社交網絡，或許這些公司就不會這麼努力推出新服務。更有甚者，那些成功的大公司可能會演化成僵化的官僚體制，害怕新的點子可能會讓市場轉型而威脅到它們的主導地位。舉個可能的例子，如果社群網絡成為接觸人工智慧（artificial intelligence，ＡＩ）的主要管道，或許臉書就會失去在市場上的主導性，而由其他較擅長ＡＩ的公司取代，因此臉書可能會將市場導離 AI 領域，好維護自己目前的地位。有一股相關的恐懼是擔心壟斷市場的大型科技公司，會買下有潛力的新創競爭者，那麼潛在的競爭便消失了，確實我們看到谷歌已經買下超過一百九十家公司，包括 DejaNews、YouTube、安卓（Android）、摩托羅拉手機（Motorola Mobile）和位智（Waze），而臉書也買下了 Instagram（ＩＧ）、Spool、Threadsy 和 WhatsApp 等等新創服務，並且向前對手 Friendster 買下智慧財產權。

理論上，你可以想像這些論點多少是擲地有聲，但是實際上，大型科技公司都證明了自己是不斷在創新的組織，而且有機會被谷歌或其他科技巨擘買下，也大大激勵了其他人創新，讓苦苦掙扎的公司能夠取得資金與專業諮詢，否則它們可能就會關門大吉，或者根本就無法開始。

競爭真的消失了嗎？

有許多評論者說競爭已經從科技市場上消失了，我首先就想來質疑這個前提。最近亞歷克斯．薛菲德（Alex Shephard）在《新共和》（*New Republic*）雜誌上寫道：「如谷歌、臉書及亞馬遜等巨擘並沒有實質的競爭者。」《紐約時報》科技專欄作家法哈德．曼居（Farhad Manjoo）也告訴我們：「智慧手機和社群網絡可能會毀了世界。」這當然就必須預設我們無法輕易逃脫其影響力。我不會一一詳談每個可能的例子或怨言，不過就以兩個有時候會被提名為最糟糕的科技壟斷公司為例，也就是谷歌和臉書，從谷歌先開始。[1]

一份評等報告列出了八大搜尋引擎，詳列如下：

谷歌（Google）

Bing

雅虎（Yahoo）

Ask.com

美國線上（AOL）

百度（Baidu）

WolframAlpha

DuckDuckGo

其實選擇還不少，甚至包括了DuckDuckGo，這個搜尋引擎標榜它們想要讓使用者擁有完全的保密性，不會儲存或販賣你的瀏覽紀錄等資料。[2]

你可能會認為谷歌是這份名單中的佼佼者，且藉著這些年所累積的數據資料，而掌握了某種自然而然的壟斷性。這樣的論點似乎很合理，不過藉由更高品質的服務而取得自然的壟斷性，本來就是許多市場應該運作的方式。谷歌能夠維持著領先的地位，至少在許多使用者心中都只是因為能夠提供最好的產品，而且確實也提供了一整套最優秀的相關產品，包括電子郵件、聊天室和谷歌文件服務。

再說，透過數據而自然造成的壟斷不可能長久，隨著年月過去，搜尋引擎要和全新、目前仍無法預知的領域競爭，就像蘋果和其他眾多競爭者打敗了諾基亞手機一樣。我們沒有什麼特殊的理由，可以認為谷歌還會宰制這些新領域，而且事實上谷歌的成功，可能會讓它們看不見正迎上前來的新趨勢。我不會假裝自己有辦法說出加入競爭的新領域是哪些，不過或許可以想想透過虛擬或擴增實境的搜尋？透過物聯網（Internet of Things，IoT）搜尋？用某種方法在網路以外的「真實世界」搜尋？透過組合各種AI功能，又或是某些更長期運作的大腦植入或基因資訊來搜尋？我真的不知道。不過我倒是知道各種新穎的產品品類型層出不窮，而且原本以為是自然的壟斷公司，會發現自己的壟斷其實也沒那麼自然。網路仍處在發展的初期，不管在十年、二十年後想要成功會需要什麼，可能也會跟現在所需要的東西大相逕庭。於此同時，谷歌在搜尋和廣告領域上的表現傑出，因此這家公司才能引領市場。

另一方面你可能會問，谷歌（或者也可以問臉書）是否在廣告市場擁有某種壟斷力？雖然谷歌免費提供搜尋功能，不過要在這個平台上放廣告當然要花錢。我們知道廣告是該公司的主要收入來源，而且如果你將商品賣給某個按了谷歌廣告的搜尋者，谷歌就能分得一些利潤。例如在二〇一七年，字母科技公司便從廣告及搜尋廣告服務中，賺得了九百五十億美元，而且除了臉書之外，谷歌在網路廣告市場並沒有規模相近、堪可比擬的競爭者。[3]

儘管如此，我也不是很擔心這個情況下的壟斷。首先，谷歌的競爭對手仍然包括臉書、電視、廣播、廣告傳單、廣告郵件，和許多其他資訊來源，你想要的話，也可以把電子郵件和口碑宣傳加進這份名單；如果我想知道去哪裡買什麼東西，我並不會去搜尋，而會發電子郵件給某個朋友詢問。第二，到目前為止，谷歌吃下了一大塊市場，這是因為它的廣告比較便宜，目標性也比其他管道準確，時間更久之後，谷歌便無法收取比在這以前的現狀更高的價格，因為使用者會回頭選擇以前的廣告方法，像是電視或廣播，又或是嘗試更好的東西，如此便限縮了谷歌的壟斷力量，並限制谷歌的廣告只能壓低價格來經營。也就是說，在討論到廣告時，也就是谷歌的主要收益來源，這家公司必須拿出比之前更優惠的方案，而它也確實都一直這麼做，因此才能為公司賺進大部分收益。

那麼臉書呢？這家公司不也在社群網絡上具有某種壟斷力嗎？

我自己呢，就有加入或考慮加入以下這些社群網路：領英（LinkedIn）、推特、Snapchat、電子郵件、各種聊天室服務、手機裡的聯絡人、Pinterest、Instagram，還有 WhatsApp，最後二者也屬於臉書公司（我會再回頭討論）。臉書的個人主頁必須跟這些所有對手競爭，我也會用自己的部落格做為社交網絡的一部分，而且信不信由你，有時候我也會在實體世界裡走跳。

臉書是這份名單上最重要的角色，不過要記住一點，其實要創設新的社群媒體服務並不是不可以，只要它夠提供使用者有用的東西；另外一點是現在臉書上的許多溝通來往都可以跳到另一個社群網絡，只是使用者可能無法帶走自己的照片和過去的貼文。人們似乎都相當習慣使用多個社群網絡，而且在他們心中，這些網絡會互相競爭哪個更實用、更方便。實在不難想像，在未來某張人們使用的主要社交網絡清單上，臉書的影響力就不會那麼大。使用者還是可以繼續存取臉書上的舊照片，就像人們可能用領英都是有具體的目的，包括某些完全是為了交友的目的，不過卻不一定非要將之做為主要的社群網絡。同樣地，這塊市場中有許多競爭及對手。

這裡暫停一下，我想先來談談 Instagram 和 WhatsApp。二者都是臉書所有，它們與臉書提供的主要服務競爭，卻也藉此改善了主要服務的品質，臉書並沒有將這二種服務變成臉書頁面的附屬。一部分也是因為臉書公司明白，其使用者相當重視此二者目前形式中的某些特色，若是將它們變得太像臉書，那就會讓潛在的新加入者想辦法模仿或改良 Instagram 與 WhatsApp 以前的特色；而臉書最不想要的就是又出現新的、還不斷壯大的新創社群網絡對手。因此，這些服務仍然以臉書主要頁面以外的選擇而存在，**雖然是由臉書擁有**，卻還是臉書的間接競爭對手。例如我可以跟分處世界各地的朋友用 WhatsApp，進行多人線上聊天，也就限制了這家公司願意在我臉書主頁上放多少廣告，或其他雜七雜八的東西，而假如時間一久，臉書決定降低 Instagram 和 WhatsApp 的服務品質，雖然我不會感到驚訝，但是這麼做，基本上就是會讓更多新競爭者加入這塊服務市場，事實上我會很樂意使用更優秀版本的

WhatsApp，也不在乎是不是跟臉書這家公司有關係。

我確實很清楚臉書就是「房間裡的大象」，明明大家都看見其中的風險，卻也不願多談，如果要問更加實際的問題，願不願意從眾多高品質且通常是免費的服務中，擇一來做些相當漂亮的任務，答案顯然是願意，而那也是競爭的結果。

大型科技公司不再創新了嗎？

谷歌除了提供我世界上最佳的免費搜尋服務，還為我做了什麼？我還有使用 Gmail，這是全世界一項最好又最大的電子郵件服務，而且完全免費，無論是誰都能建立一個 Gmail 帳戶，然後就立即開始使用，一直到一九八〇年代，我們都還會為這樣的可能性而感到驚奇。

谷歌在發展自動駕駛車輛上也扮演著領頭羊，雖然我並不期待谷歌會成為這類車輛的主要製造商，它們確實為背後所需的人工智慧、掃描器、路線規畫、程式，以及其他服務特色投入重大努力。同時它們也幫忙讓大眾能夠接受這樣的想法，其中一個方法就是讓無人駕駛的谷歌車載著員工去上班，已經行之有年。雖然到底無人駕駛的車輛、卡車和公車何時能夠準備好，做為日常使用，仍是眾說紛紜，不過現在這場辯論的主題已經是何時，而非是否應該。二十年前，或許甚至是十年前，很少有人期望能有這種車輛，而谷歌出力為這樣的進展鋪好了路。

自動駕駛車輛可以說是從有網路以來，最為重大的科技突破，這項科技提出承諾，能夠大幅降低車禍死亡的數量、讓通勤更輕鬆，並且眾多年長、殘障及年輕的人都能擁有更多四處移動的自由。

另外一項創新仍然發展當中，而且是由字母科技主導，而非子公司谷歌，那便是使用熱氣球來為某區域提供網路連線，也稱為空浮計畫（Project Loon）[4]，在二〇一七年瑪莉亞颶風後，便用來恢復波多黎各的網路連線，或許之後在非洲的偏遠地區也會相當重要。或許目前還不能確定這項計畫的價值，但卻是一舉大膽的嘗試，希望為這世界上最為弱勢的人們創造更好、更能與之連結的生存環境。這項科技似乎真的管用，只是還不知道有何代價，又能維持多久。另外目前從外人所能探知的程度來看，谷歌和字母科技的機器人研究也還沒有明顯的實質獲益。

即使是谷歌的失敗嘗試，有些也有可能派上用場。谷歌眼鏡這項可穿戴裝置，是想要整合護目鏡和網路連線及觀看的體驗，結果失敗了，不過這仍然跨出了試驗性的一步，讓更多可穿戴裝置得以發展，也讓其他人，或許就是谷歌（字母科技）自己能夠踩上的墊腳石。

谷歌買下了 YouTube 之後，大幅升級其功能，當時被認為是風險很高的併購案，許多評論者認為，谷歌付了十六億五千萬美元買下當時獲利很少的公司，簡直是瘋了，而且

YouTube 上的留言評論看起來就是一汙汙水，還是一個侵害版權官司的無底洞。

谷歌怎麼做呢？它們清理了法律問題，運用自己先進的軟體能力來抓出可能侵害版權的內容，並執行影片下架的要求。同時它們改進了 YouTube 上的搜尋功能，或許更重要的是，谷歌大量投資了讓影片如今能夠在網路上廣泛使用的科技。谷歌買下 YouTube 的時候，網路上的影片通常速度很慢、常常被打斷，你必須等一段緩衝時間，這表示你要不是預先下載影片，不然就是得忍受一下播放、一下停止的觀影經驗。谷歌想辦法解決並投資能夠縮短影片傳送路徑的方法，讓在網路上看影片變得更加有效率，這些進展大大嘉惠了網路上許多不同領域。

今日的 YouTube 也是學術影片及線上教育的領頭羊，成就遠遠超過在被谷歌買下以前的時候。我和亞歷克斯・塔巴羅克（Alex Tabarrok）共同經營線上的經濟教育網站——邊際改革大學（Marginal Revolution University，MRUniversity.com），你知道我們決定把內容放在哪裡嗎？你大概可以猜到：YouTube。谷歌提供這項服務跟我們收費多少呢？完全免費，而且使用者一樣不用付費，我們的產品也不會連結到廣告，不為谷歌、我們或任何第三方做廣告，這表示全世界的使用者，只要是居住在沒有審查機制的國家，都能免費取得各種以影片為主的教育資源。

長久以來，谷歌和手機看來似乎都不是必然會結合的選項，但是在二〇〇五年，谷歌買下了安卓，並將該公司的開源系統，提升為全世界最普遍使用的智慧手機軟體，從此其他公司便開始修正也可以說是改良了這套軟體，因此谷歌或許還不是自己這個舉動的最大受益者，幾千萬人都因為谷歌和安卓的結合，而能使用到更好、更便宜的智慧手機。更廣泛來說，谷歌開放了自家大部分軟體，讓其他人能夠以此為基礎再進一步增強，業界中有一整群公司都是為了幫助其他公司，藉由谷歌的開源軟體建立基礎而生。

而這一切都來自一家僅僅成立二十年的公司，在我心中最讓我感到震驚的是，有多少人攻擊並譴責谷歌。在我撰文表示，反托拉斯的政府組織不應該去追打谷歌，我的部落格「邊際革命」（*Marginal Revolution*）上，就有一位評論者如此抱怨道：「比方說，它完全不想做行事曆功能的創新，待辦清單的服務也半殘了，但是卻因為跟 Gmail 整合在一起而受到保護。」你就想抱怨**這個**？那樣的標準可是頗高。

好吧，所以谷歌這家創新公司看起來相當強大，那麼臉書呢？

臉書從創立初始便不斷升級其產品的品質和多元，二〇〇六年雅虎開出十億美元想買下臉書，而當時許多評論者都認為這對馬克・祖克柏來說，是想都不用想就該接受的好條件，當然他拒絕了，並繼續投資，讓公司的價值高出此價數倍，到了二〇一七年已經超過五百億美元。可以說祖克柏比起近來任何美國 CEO，都更擅長在公司內分配資產，這些增值大部分都是因服務及品質升級，以及從創立時便有的創新之舉而產生。

例如動態消息（News Feed）的點子是在二〇〇六年推出，如今已經視為標準，並且確實也是臉書的中心特色。臉書也引領著目標行銷（targeted marketing）發展，如今該公司與谷歌主宰了廣告市場，分占二塊大餅（而且贏其他公司很多）。臉書的一大優勢在於，你可以接觸到有特定興趣的人口或個人，例如你是不是想要推銷某種產品或服務，而想要鎖定對經濟有興趣的人？在過去很難這麼做，但是臉書提供了便宜又簡單的方法，你下了廣告，臉書就能確保送給動態消息反映出對經濟有興趣的人，此舉革新了公司傳達產品資訊給人們的方式。而且，臉書也讓廣告市場能運用在手機上，該公司上市的時候還沒開始做手機廣告，許多產業觀察者也很懷疑手機廣告有沒有可能成功，而這段日子以來，手機廣告已經是目前臉書收益流的最大來源。

臉書也革新了媒體公司向讀者傳達故事的方式，而且事實是臉書在短短幾年間，已經成為世界最大、最重要的媒體公司，我對這樣的發展有些疑慮，之後會再討論，不過如果我們想要的是創新，臉書無疑是個了不起的案例。最後，臉書也尋求改進ＡＩ服務的品質，並將之整合到頁面中，這番努力會有多麼成功還有待觀察，不過至少、至少它也在出力推動這場高度競爭的競賽。

打開天窗說亮話，我應該先指出，在我個人的生活中並不喜歡臉書，就像我也不是特別喜歡谷歌一樣，我認為這是一家很棒的公司，而且相信馬克·祖克柏是我們這個世代一位相當傑出的CEO，但我還是有二個抱怨，一是大多是個人和主觀觀點：我覺得它的頁面看起來、使用起來很令人混亂，而且一直以來對於頁面安排的改變，也讓我很混亂（在我看來實在太多創新了）。雖說如此，我知道臉書的頁面似乎對大多使用者而言都相當好用。

我對臉書的第二個抱怨是，我認為這家公司並沒有提升美國大眾所接收的新聞品質。愈來愈多人將臉書當成接收新聞報導的方式，並跟朋友分享這些報導，結果產生的激勵效果，就會讓新聞製造方更加接近「給人們想要的」。在這個情境下指的就是許多報導會有明顯立場、因人而異、裝可愛、油嘴滑舌，或者混合了以上特質，新聞機構也顧不得倫理尊嚴，而忙不迭地追求這樣的流量，順應市場需求。一位觀察者這樣描述在社群媒體上廣為分享的故事原型，標題會是這樣：「全球十三億人都驚呆了！萌翻！鴨寶寶第一次看到水，你知道**會發生什麼事嗎？**」其實牠們就是在水池裡喝水，但我想你也得點進去看才會知道。

坦白說，要浪費時間滑臉書還滿簡單的，相對來說谷歌的服務就比較是為了特定用途而設計，例如要詢問資訊、尋找買電影票的方法，或是用谷歌地圖從一個地方移動到另一個地方，有比較清楚的任務起點與終點，這也是我認為谷歌對社會的貢獻大過於文化損害的一個原因。

在討論臉書新聞報導的時候，最近很多人都注意到俄羅斯操控內容的問題，我認為這是小問題，在這類廣告所投入的資金似乎並不多，當時大約是臉書每日廣告收益的百分之〇・

一。在二〇一六年美國大選過後出現許多有關「假新聞」的報導，我認為屬於虛假陳述，我們大多數可能都看過釣魚新聞標題，像是有多少人都點擊過或按讚這些臉書上完全虛假的故事；但是從臉書整體互動的比例來看，就算是放寬認定來假設，也大約只占使用者行為的百分之〇．〇〇〇六。這件事很糟，但是還有很多虛假陳述出現在電視上、八卦小報上、轉寄電子郵件上、晚餐餐桌上的對話間，還有人們之間的八卦傳聞，實在沒有確切的證據，表示俄羅斯在臉書上的活動影響了選舉結果。[5]

「更為嚴肅」的主流媒體來源也刊登無數新聞，報導希拉蕊．柯林頓（Hillary Clinton）的電子郵件醜聞，即使當中的爭議並不大，但這些報導或許比臉書上任何故事都更不利於她的選情，也許每則報導都傳達出確切事實，但是整體給讀者的形象不該是那麼負面。報導（或不報導）真實新聞的頻率會造成誤導，這在媒體上常常比明目張膽的謊言與造假是更嚴重的問題。《哥倫比亞新聞評論》（*Columbia Journalism Review*）曾做過評估，在選戰進入尾聲的最後六天，《紐約時報》在頭版報導柯林頓郵件爭議的次數，就等同於大選前六十九天內報導所有政策議題的次數。[6]

我想我們永遠不會完全了解，「假新聞」在上一次美國總統大選時有何影響，但是要記住，只有百分之十四的美國人表示，社群媒體是他們接收選舉新聞的主要來源。在討論關於選舉的意見時，臉書完全沒有壟斷性，其競爭對手包括家人的影響、私人談話、有線電視新聞、談話性廣播節目、電子郵件、書籍和許多其他資訊來源。或者看看更廣泛的選舉局勢，民主黨政府在任期內與各州參議員的表現都相當差，而且在這些競賽中，臉書上的假新聞或由俄羅斯出資的政治宣傳，似乎也沒有太大影響力。最近一份研究顯示，政治傾向最極端的美國人是老年人，而這群人最不可能從社群媒體上獲知新聞報導，反而最常收看有線電視頻道的新聞。媒體偏頗和兩極化會往各個不同方向發展，這個問題確實存在，但主要卻與俄羅斯出資在臉書上散布的內容無關。[7]

關於臉書在這個議題上遭受的所有批評，要記住，營利的出版社在歷史上，也出版過馬克思、毛澤東、希特勒和史達林等人的書，這些思想家的思想造成了數百萬人死亡，這些書對西方的影響實在不能說無害，畢竟他們主導了西方好幾個世代大量知識分子的想像力與忠誠，這些書籍一直在開放的市場中銷售，我很高興是如此，只是我並不同意書中隱藏的思想。我會把批評留給那些惡劣的思想，而不會去批評像是企鵝蘭登書屋（Penguin Random House），或印刷廠的老闆，但是臉書卻成為今日的代罪羔羊，或許是因為臉書在我們生活中實在太顯眼了。事實是一個開放的出版環境，原本就會導致眾多惡劣思想的交流，那是言論自由的一部分，而且這樣的困境也不是什麼新鮮事，這一次應該是「真的不一樣」，因為臉書是某種壟斷，或者因為臉書會用運算法來排列文章發布，又或者什麼都有可能。從我單純而長期歷史觀察的角度來看，臉書所造成的危害，一點也比不上出版印刷（以及廣播），協助傳播法西斯主義、馬克思主義、共產主義等等思想的危害。

我應該補充一下，我也曾經在臉書上買過「行銷宣傳」廣告，是為了我的免費線上教育課程MRUniversity.com，剛剛在討論YouTube相關章節時提到的。這些廣告的目的是要針對顯示出對經濟學有興趣或跟大學有關係的臉書用戶，並鼓勵這些用戶點擊影片。我不會說我不高興花了這些錢，畢竟廣告確實為我們的網站帶來一些流量，但是要操控這些人像活屍一樣行動，實在不大可能；後來我們便不再繼續買廣告，不過臉書確實在我們營運早期幫忙推了一把。比起這段日子你可能聽過的故事，這樣的臉書廣告經驗可能更為常見。

「過濾泡泡」(filter bubble)[8]的概念是臉書面臨的另一種批評，但是事實並不支持這樣的論點。我聽過太多次有人說臉書或其他社群媒體，讓我們落入一個「保守派只聽保守派聲音、進步派只聽進步派聲音」的同溫層世界，或者對回聲室效應(echo chamber)也有類似的抱怨。或許有時候感覺確實是這樣，但數據就是無法證實這樣的恐懼有所根據，至少目前還沒有。就我們目前所知，網路新聞的意識形態區隔相對很低，畢竟保守派人士會造訪許多比較左派的新聞來源，而左派人士也吸收了相當多保守派媒體的新聞，例如最容易取得的數據就顯示出，網路上一般的保守派會接觸到大約百分之六十的保守派資訊來源，實在不算是壓倒性的數字，自由派則會接觸到約百分之五十三相對保守的網站。同樣這份數據也顯示出，我們與家人、朋友和同事的面對面互動中，其意識形態區隔會比網路上的狀況嚴重多了。[9]

我對臉書確實有個特別憂心之處：我擔心臉書讓我們變得有點太過善於交際了，當然是在網路上如此，花費寶貴的時間上網，就不會去做其他我們可能會做的事情，例如跟另一半或孩子聊天。我並不會懷疑使用者就是想建立社交關係，但是臉書主導我們注意力的影響力實在太大了，或許就讓人不會注意到其他該努力的事情，就我看來，這並非總是更好的發展。[10]

相對開放的網路媒體會產生某些更廣泛的問題，因而產生這些擔憂，臉書是一種媒介，因此能夠在許多方面引導使用者的偏好，包括了傳送惡意訊息給朋友、種族歧視的情緒，以及為了有害或無效的政治主張而組織起來。任何空前成功的媒介在帶來許多好處的同時，也會帶來許多壞處，臉書也不例外。我認為大部分要歸咎於臉書的使用者，而某個程度上也要怪媒體公司短視近利的決策，太過執著於追求臉書流量。不過我想我們不應該太過樂見，有一個媒介能夠有效傳播出這麼多基本或根本平凡的直覺回應。我知道如果要解決這個問題，臉書就必須進行更像家長般、老大哥般的控管，其解藥可能比疾病更糟糕。

在我寫作這一章時出現的重大爭議是，臉書和 YouTube 是否太過嚴格審查具有爭議的新聞及資訊來源；整體而言，右派對此的擔憂更勝於左派。我經常聽到右翼、保守及共和黨傾向的學者及分析者擔心，大型科技公司裡有太多員工是左翼，而無論如何都會讓另一方的想法落於不利的處境。

當我還在寫這本書時，這個議題還在發酵，等到各位讀到這本書時，我的討論可能已經過時了，但我還是想說明幾個論點。首先，幾家重要的科技公司大部分都不想審查內容，這對它們來說很昂貴，而且它們比任何人都清楚，要在這個領域畫出清楚界線，有多麼困難。審查機制之所以會像如今這樣形成一種議題，是因為大眾及部分政客要求它們有所回應（科技公司的員工也施加了一些壓力），因此我們或許應該著重於這個問題本質上的困難，而不是科技公司本身。

第二，臉書和 YouTube 擁有如此龐大的內容，如果它們下架某些內容的決定出了錯，我們也不應該太驚訝。在我寫作時，它們的整體紀錄看起來還是相當好，只是還有一些人仍然會抓著傳聞中出了錯的證據大聲咆哮。除了少數公開支持法西斯主義和種族主義的人，已經遭到某些社群網站驅逐，我們其他人還是可以自由張貼自己認為適合的意見。

最後，我們必須拿現在跟過去相比，假如說臉書和 YouTube 做了不合理的決定，將你踢出它們的平台，並且不准你回來，那樣的發展確實很糟，但是你在「美好的舊時光」就真的過得更好嗎？那時你基本上沒機會能夠登上三大電視網，或大型廣播電台，也不能為主流報紙撰稿。如今，不同立場的聲音比過去有了更多發聲管道，就算其中有一些遭到大型科技公司的嚴格審查也無妨。

整體說來，這是我們需要謹慎的地方，而且其實我也跟有些人一樣，擔心公眾壓力會迫使主流的科技公司大量下架內容，或決定「不提供服務」。但這也不是容易解決的問題，考慮到我們已決定它們有權利拒絕斬首及兒童色情的影像，實在不能不讓他們擁有一定的審查權。那麼將臉書或YouTube切分成二、三個部分，會有幫助嗎？我想不會，這只是表示會多了一些公司面臨相同的公眾壓力，而且很可能同樣會遇到是否要接受某些內容的決定。你真正能做的選擇是在網路上找到一方會對你的想法有興趣的天地，並努力適應其規則，現在的知識世界仍然比我們不久之前所知道的要自由更多。

再舉第三個大型科技公司為例：蘋果同樣也不斷做出重要創新，只是大眾的觀感正好相反。蘋果旗下不僅擁有三項真正重要的科技發展，也就是個人電腦、智慧手機，以及智慧平板，而且這家公司還繼續努力推動更多進展。蘋果手表（Apple Watch）的前景仍然不明，不過至少、至少在發展品質更高、更實用的連網穿戴裝置這條路上，仍是重要成就，其百萬用戶都已經覺得，用蘋果手表來接收訊息、追蹤並測量自己某些面向的行動相當方便。蘋果支付（Apple Pay）是金融科技中的重要角色，有幾百萬人都用這個方法來購買商品及服務，只要在終端裝置上滑一下就能辦到。就算這不足以成為一項成功的科技，也為之後的其他科技發展鋪好了路。

或者看看亞馬遜，這家公司一開始販售的是書籍，不過後來又轉往許多不同零售商品，其創新在於顯現出，讓二手書跟新書一同競爭是合理的方式，因此數百萬名想要買二手書的客戶，就能用更低的價格入手。亞馬遜建構出了可能是全世界最優秀的物流網路，最近更在研發用無人機來運送包裹，不管會不會成功，或立法機關會不會允許，這都是大膽的創新之舉。亞馬遜在雲端運算的成果也推動了市場，讓其他創新者更容易能夠快速規畫自家的商業發展。同時，亞馬遜推出的語音助手 Alexa，也是居家人工智慧運用的先驅：只要對著它說話，就能在軟體能力許可範圍內執行你的指令，只有升級是自動執行的。還有 Kindle 閱讀器，這個當然也是亞馬遜的創新。亞馬遜的手機並沒有成功，不過就像其他科技公司一樣，亞馬遜整體的紀錄顯示出了這家公司如何努力推出更好的產品，以改善我們的生活，如今它們正努力革新（如果可以這樣形容），想要展現出水泥和磚塊打造出的實體書店，仍然相當有經濟價值，亞馬遜選擇及陳列書名的原則，與傳統書店的方法非常不同，更為依賴從亞馬遜網路書店中所產出的數據，我們就等著看此舉是否能成功。

整體說來，我很驚訝主流科技公司的各項創新竟然是如此不同，它們似乎有一種核心的能力，可在它們取得初步成功的特定事業的上游及下游，匯聚、驅動並統整人才。

科技讓我們變笨了嗎？

對科技公司的另一種批評，來自像尼可拉斯．卡爾這類的學者，他們將網路稱為「淺灘」，並且認為谷歌讓我們變笨了。我認為這樣的批評有一點超出這本書的討論範圍之外了，畢竟這是針對更廣泛的社會及科技推力，而不是眾多公司中的科技公司，不過目前的智識環境有個特色，那就是如果可以對公司做出一種批評，某個程度上就撇不開這個標籤。

這項對新科技的批評劍指它們對人類的影響，大概就是科技公司催促我們進入了一個新世界，限縮了我們的注意力持續時間、記憶力下降，也對廣大世界的認識更加淺薄。要評估這一個只發展了十到十五年聚焦網路的新世界，是有一點難，但是仍然很值得提出幾個論點來回應。

首先，真要說起來的話，人們似乎對於更長篇的作品及影集更有興趣，而不是相反。《哈利波特》(*Harry Potter*) 系列一直是當代的暢銷書，《冰與火之歌：權力遊戲》(*Game of Thrones*) 也相當熱門，無論書籍和電視影集皆然。以文化消費的觀點來看，如果有什麼明顯的趨勢，也是傾向電視影集節目，觀眾必須連續花上數小時，也要投入相當大量的時間與注意力。出版書籍的平均頁數拉長而非縮短。有一項調查研究暢銷書和引起熱烈討論的書籍，發現在一九九九年書籍的平均厚度是三百二十頁，到了二〇一四年增加為四百頁。當然現在有很多推特短文及臉書的短貼文，但是並沒有發現明顯背離長文方向發展的淨趨勢，而且就算有，或許讀者捨棄的某些長篇作品並不是那麼引人入勝。這些在網路上批評的人，大多數都不會飛到世界各地，去欣賞長達五小時的歌劇《紐倫堡的名歌手》(*Die Meistersinger*)，也不會閱讀企鵝出版社推出的共分五冊十八世紀中國古典小說《紅樓夢》，或許他們應該這麼做。但是或許網路有可能讓人對這些作品產生興趣，也可能讓人對此失去興趣，這些都是小眾作品。而如果網路有什麼很棒的優點，那就是幫助人們找到適合自己興趣而鮮為人知的作品，那是他們真正會喜歡上的東西。[11]

第二，網路，或許也可以默默引申為科技公司，確實改變了我們思考、關注事物，或有時是如何不關注事物的方式。我實在不認為我們已經知道如此長久以後會有什麼結果。**可能**會有很多問題，卻也能發揮很美好的影響力，讓人們得以接觸到不同思想、不同文化、新音樂，你還能在部落格、YouTube，以及許多其他網路生活的空間中，找到大量優質的知識論述，令人目眩神迷。要下結論說這是一場災難，實在言之過早，而且事實上綜觀歷史發展，擁有更大量、更多元的資訊，通常到最後都對人類有益。

你可能知道，目前對網路的種種批評，在更早的時候，也以各種不同形式出現，用來批評歌劇、小說、平裝本書籍、電視，以及搖滾樂。例如在十八、十九世紀，小說就被說會造成健康狀況不佳、不聽父母的話、階級界線崩毀、女性更加獨立，以及其他種種「罪狀」，一位評論者指出：「閱讀小說之於心靈，正如**飲酒**之於身體。」當時的舊媒體不喜歡要與新媒體競爭，因此一場意識形態之爭就在各個不同媒體平台上展開。很耳熟嗎？但是對世界上大部分人來說，尤其是在美國，生活普遍都變得更好了，媒體也陸續成長得更實用、資訊更豐富、更具娛樂效果。或許**這一次**確實是文化及知識浩劫，但是這樣的論調就是沒有證據能證明。至少還沒有。如果這些日子以來，我們能記住的各州首府和電話號碼愈來愈少，轉而依靠電子裝置，真的有這麼糟嗎？[12]

在未來可能會發生一種情形，這或許有一點可怕，但還是值得想一想。有可能網路世代只是曇花一現，會出現某種更為強大、更受歡迎的事物取而代之，或許是運用虛擬實境讓我們連結到資訊和娛樂功能，這只是一種可能。而誰知道那會是什麼樣子呢？再說，假如有一個獨特的網路方式，能夠思考並呈現想法，若是網路可能會瀕臨滅絕，或許我們就有一份文化責任，盡一切可能去開發、開採並傳播這種思考與溝通方式，以免其消失。即使你不偏好「網路方式」，這種跨時期的取代還是很有可能。例如，巴洛克音樂並不是我最喜歡的音樂類型，但是我仍然很高興在十七、十八世紀的人盡過了全力，然後才繼續往更為古典的作曲模式發展。因此，可以說，我們應該更加努力，讓自己沉浸在「網路的思考方式」，無論我們覺得那可能是什麼意思。

另一項最近才出現的新批評，是矽谷專做無關緊要的小東西。二〇一七年，有些評論者把矛頭指向Juicero，這是要價四百美元、可連上Wi-Fi的果汁機，被稱為「傲慢矽谷的荒謬化身」（這家公司後來便倒閉了）。史考特・亞歷山大（Scott Alexander）是一位我很喜歡的部落客（當然是在網路上的），他決定要反駁這項指控，以下是他的發現：

我檢視位於矽谷的育成新創公司Y Combinator，最近五十二筆的新創投資案。其中十三家公司都具有無私或全球的發展焦點，包括Neema這款App，是為了幫助無法與銀行來往的窮人，讓他們能夠得到金融服務；Kangpe則是一種線上健康服務，幫助無法去看醫生的非洲人民；Credy是印度的一種點對點借貸服務；Clear Genetics是為有疾病遺傳風險的父母，進行自動化基因諮詢的工具；還有Dost Education以一個月一美元的課程，在印度幫助識讀技能教學。

其中十二項似乎是相當令人興奮的尖端科技，包括描述自家科技是「隨插即用的人類仿生科技」的CBAS；Solugen能夠從植物糖中製造過氧化氫；AON3D則讓3D列印機能夠運用在工業用途；Indee是一種新的基因工程系統；Alem Health則將AI運用在放射學上，而且當然還有一定要發展的無人機運輸新創公司。

史考特確實發現，其他九家受到扶持的公司，可能會被認為「很蠢」，當然也不是列在這裡的所有公司都會成功。不過整體說來，這樣的紀錄算很糟嗎？要記住，如果你想想未來的可能，不見得總能簡單辨識出有哪些「很蠢」的創新，或許哪天就會證明了自己的突破。[13]

無論如何，我不知道這些網路評論者到底對自己的話有幾分相信？我還記得有一次跟尼可拉斯．卡爾在電視攝影棚內辯論，題目就是「谷歌是否讓我們變得更笨」。我問他的第一個問題就是，他為了準備這場辯論，有沒有用谷歌來搜尋我是誰，我想我當場就直接贏了。同時我也猜想，像他寫那麼富有知識的書籍，可能有很大比例都是在網路上銷售，實體書店則較少。評論者實在太容易就會認為，網路主要是會讓「其他人」變笨。幾乎我們所有人都經常會從網路搜尋資料，我也會說那是因為網路真的非常好用又資訊豐富。

不斷流失的隱私

我在思考這頭「房間裡的大象」各個不同部分時，我完全瞠目結舌，科技公司居然有這麼多令人敬佩的特點，除了了不起的創新之外，它們引領這個世代表達出一個嶄新而更包容的美國光景，也讓書呆子和宅男變得很酷。它們將加州北部變成世界上最為活躍（而說來傷心，也是最昂貴）的一個地區，在過去二十年來，矽谷確實已經成為在世界歷史上留名的重要地方，而且或許還會有更多貢獻。

大型科技公司還有一項優點，就是它們對於遊說華盛頓沒什麼興趣，至少一開始是如此。它們大部分在早期只會在華盛頓設一個很小的辦公室，或甚至沒有辦公室；不大會跟政府討拍，大多都希望不要有人來管它們，也不要求立什麼法來限縮它們的競爭。你大概也知道，這樣對政府不感興趣會導致某些負面結果，包括在一九九八年針對微軟提出的反托拉斯告訴。在歐巴馬入主白宮之後，矽谷的CEO們是最常造訪的訪客，如今他們也要面對非典型的總統川普。沒錯，他們喜歡接受總統的款待，但也是因為他們已經學到了慘痛的教訓，要讓自己的公司順利發展營運，就必須和執政當局維持良好關係。而如果他們原本的意向是藉由提供最優秀的產品它，並勝過其他競爭者，來讓公司興盛繁榮，這不是很值得敬佩的一件事嗎？

那麼，大型科技公司設下的陷阱在哪裡？這裡的缺點一直都是失去隱私，而關於這點顧慮我確實也看到了明顯的問題，或至少有可能在未來造成問題。簡單的事實是，科技公司會記錄、儲存你生活中的一切資訊，有時候還會拿它們所擁有的資料來交易，包括它們運用愈來愈高明的數據技術所能推論出的結果，這項技術有時稱為大數據（big data，巨量資料）。

和許多評論者不同的是，我並不認為**現今**的侵犯隱私問題是無法接受，或讓世界毀滅，每個人加入社群網路，或在網路商店購物時，都知道自己的資料會被蒐集並儲存起來，只是他們並不完全清楚這些資料會如何散播、使用。他們做了交換，大部分的人也一直都願意繼續進行這些活動，而且許多臉書用戶還相當積極參與使用這些服務，並不會讓人覺得他們用這些服務是心不甘情不願，就好像是你可能會搭公車，只是因為自己買不起車。我不是說這部分沒有問題，只是我常常看到，針對隱私的評論者誇大了網路使用者要面對的兩難，如果臉書真的這麼可怕，為什麼沒有更多人把電子郵件聯絡人清單，設為另一種社交方式？當然有許多人都這麼做，而這就會回到先前的論點，說明社群網絡要面對的競爭，比一開始所設想的還要多。

比起現在的狀況，我比較擔心未來可能發生的事。我真的可以想像這些隱私問題，會在未來十年至二十年演變得更加嚴重，我們似乎都處在某種滑坡上，就算目前的情況可以接受，也可能往下滑到曲線上更糟糕的部分。而且私人公司對我們所知的一切，或者將要知道的一切，有很多或許都會落入政府的手裡，無論是透過法院傳票、強迫資訊分享、政府監控或駭客手法，都是必然。因此就算你相信一家公司，而將資料交給它們，也無法保證這些資料就只會留在那裡。

那麼隱私權的局面會怎麼變得更糟呢？

第一，臉部辨識科技正開始擴展，而且準確率提高許多，我看過最近的報告中說，這樣的科技準確率達到百分之七十至八十，只是我認為這些數字並沒有太大意義，因為這會讓人想問，要達到這樣的準確率需要什麼條件。不過似乎還是有可能在正常、受到管控的商業環境中，例如是走進超級市場這種狀況，臉部辨識科技在幾年內就能夠辨識出大部分的顧客。戶外和公共場合的臉部辨識難度較高，因為各種條件及角度不同，空間的變化也更多，不過仍然已經出現了長足進展，而且還會有更多進步。中國已經有許多臉部辨識科技的研發，而且還有更多在公共場合的運用已經在進行當中，例如杜拜國際機場。這種科技能夠威嚇罪犯，不過總會有人想知道，有多少也會用來追蹤異議人士。你聽說了上海用臉部辨識科技來找出不守交通規則的人，並且把他們的照片貼在公車站牌來羞辱，而且還要罰錢；更別提會跟全國人口身分資料庫交叉比對，你真的開心得起來嗎？在不久的將來，如果你到訪某個公共場所，可以合理假設這次造訪會留下紀錄，而且還能夠爬梳過數據搜尋，追蹤你的許多行動。要開始處理這個問題，我們需要與大眾有更良好的溝通對話，討論臉部辨識科技和仔細檢視預設與選擇退出的規則，我們也應該考慮增加人民對自身臉部影像的所有權，或許還有步態模式。[14]

聲音錄製也是未來要擔心的一環，拜科技進步所賜，要在一段距離之外錄下私人對話，變得更容易了，而且當然也能輕易就上傳網路。如果錄音設備變得更靈敏，只有密室才是真正安全的地方，那會是如何？就連常見的在人來人往的公園裡走走，都可能不夠可靠。就像現在的人會非常煩惱在電子郵件上該寫什麼，未來他們可能也得非常小心自己在私人對話中說了什麼，擔心會被錄下來；即使隔著一段不遠的距離，又或許可以借助偽裝成昆蟲的微型無人機。美國多州皆有規定這類未經同意的錄音屬於違法，頗有用處。但是將側錄下的對話上傳網路，並匿名以推特轉發，就可能毀掉事業，而且我想我們還會看到更多這類案例。我們應該將這類相關法條變得更嚴格，並且讓各州規定一致，而且大致上我們得小心自己說了什麼話。眾人原本就低估了禮貌的重要，而且在未來的新世界中更應該重視。

隨著我們日常家居也都導入了物聯網，就連在家裡可能都不是真正安全。如果可以跟你的車庫門、音響及電視對話，還能讓它們立即回應你的指令，這樣很棒。不過，這當然也表示它們隨時都在聽，聽你的家人爭論、聽你如何罵小孩、聽你怎麼談論工作上的同事，還聽著你在床上做什麼、高潮時有多大聲（或多小聲）。好，你可能會說：「唉，我的家用裝置不會真的聽我講什麼，除非我喊了：『天靈靈地靈靈，聽我號令！』它們才會聽。」嗯，或許吧，但它們仍然得進行某種背景監聽，才會知道什麼時候該啟動。而且你真的知道它們接收到的原始資料會發生什麼事嗎？你**確定**資料是安全的，也不會被用來重新建構成你在家中的原始對話嗎？而且你能確保**所有的**裝置，包括你的車都一樣嗎（有多少人一直都知道國家安全局〔National Security Agency〕能夠存取的資料有多少嗎？）你**確定**你的 Alexa 沒有遭到駭客入侵，而啟動了聆聽功能嗎？我實在不知道，而且當然沒有人能夠知道，一直要到這些裝置上市，且測試了更長時間才會知道。於此同時，我不想要這些裝置，不過到了某個時候，市面上更新一代的家電產品和房屋可能會需要，當這悲哀的一天到來，我會更小心自己說出口的一字一句，就算是在自家範圍內也一樣，或許**特別是**在自家範圍內更該小心，因為主要說話者的身分都一清二楚。

這不只是科幻小說，已經有法院案件中的執法機關傳喚了亞馬遜，要求它們交出智慧喇叭 Echo 的錄音，例如跟謀殺嫌疑犯有關的檔案。二〇一五年在阿肯色州班頓維爾

（Bentonville），一個男人遭溺死在熱水浴缸裡，警方想要看看背景錄音會不會有什麼額外線索；不管有沒有搜索令，警方也可能有辦法駭入裝置中（在寫這本書的時候，這些事情最後該如何處置仍然沒有定論，還有各種不同的法庭判決在審理當中）。或許你不是殺人凶手，但就算是完全奉公守法的人，有多少願意讓國稅局專員聽自己如何跟伴侶或配偶談論稅務的錄音呢？

不管有沒有傳票，我們所生活的世界中，駭客可侵入的一切都將遭駭，這或許也能套用在這些裝置的錄音上。駭客會做的其中一件事，大概就是在裝置應該只是被動聆聽是否有啟動指令，其他什麼也不做的時候，卻要啟動裝置。畢竟要聆聽你的聲音，總要有某種麥克風聽著你啟動指令，而且以某種方式評估其內容，似乎很難相信能夠完全抹除意外錄音的可能。萬一你真的有個朋友叫艾莉莎（Alexa）呢？又或者你用了數學術語「依字典順序排列」（a lexicographic ordering，再補充一下，這詞彙在個體經濟學也很常用）呢？是否可能因為這個詞彙開頭發音有點像Alexa，而誤啟動了裝置錄音？又或者駭客總會找到方法侵入這些系統。

對大數據所產生的興趣也可能導致隱私更進一步流失，大部分都是我稱為隨機或依概率而流失的隱私。例如有某套軟體知道你大致的消費習慣，那套軟體就開始跟臉部辨識程式「對話」，這套程式會辨認出在一家商店裡買床墊的某個人，判斷有〇．六的機率是你。然後又有另一套軟體回報說你剛搬家，那麼「系統」可能就會判斷你確實買了床墊，至少可以說有百分之八十三的機率，因此就會把寢具的廣告寄到你手上。在這樣的情況下，你不能說無論是誰都能確知你在何處，但是「系統」有可能相當清楚。當然，當軟體要判斷某部 iPad、智慧手機和個人電腦的主人，是不是同一個人的時候，便已經進行過類似的程序，通常軟體知道那就是你，才能把廣告精準投放到你所有的終端裝置中。

隨著追蹤科技愈來愈進步、更多生活機能可以在線上進行、對大數據的興趣提升，很容易能想像這樣的機率知識能延伸到什麼地步。簡單說，我擔心即使只是隨機洩漏，我們所有的人格缺陷與不完美都會攤在大眾面前，如果說你多訂購了幾瓶蘇格蘭威士忌，或對「醫藥用大麻」表現出太多興趣了呢？對於像我和其他生活平穩又無聊的人來說，可能不會太糟，但要是你才剛展開職涯呢？

電子病歷也是另一項令人擔憂的事情，雖然許多健康照護改革人士都相當推崇這種做法，我卻擔心電子病歷可能遭到濫用。想像美國未來完全整合了電子病歷，來追蹤每個人的健康照護歷史，那麼例如說有某個人或懷有敵意的外國勢力駭入了資料庫，將這些資料公諸於世，又或者只能取用部分，那也會是嚴重侵害了個人隱私。任何人有心理疾病史（我不喜歡這麼稱呼，但我想各位知道我想指的是什麼）、不良行為、或任何其他疾病或不幸，都會留下終身的烙印，將會產生根據這些分類而出現的數據歧視，人生中「第二次機會」的次數也會減少。結果可能讓更多人完全不願意尋求專業幫助。有些父母可能會乾脆不讓孩子加入健康照護系統，或者至少不願意治療其心理健康上的障礙，你孩子的醫療診斷可能會讓他們更難得到某些工作。而且要記得，在任何醫療評估中都會出現許多偽陽性結果，大部分是因為有許多心理狀況要辨識、甚至要定義可能都相當困難。

醫療隱私的情況已經比許多人所知道的還要糟，例如二〇一五年，已有超過七百二十起與醫療相關的資料洩漏，而其中最大宗的七起案件曝光了將近二億人的病歷，遭到詐欺及身分盜竊。二〇一四年初，健康保險公司安森（Anthem）有八千多萬名的客戶帳戶資料遭竊，大部分是讓竊賊能夠藉此提交偽造的報稅資料，並要求退稅，或是依照不實條件申請信用卡。雖然從可取得的證據顯示，目前大部分駭客入侵事件都是為了與財務相關的資料，例如社會安全碼，而不是想要侵犯病人隱私，不過，不難想像在未來，這些病歷可能會變成公開或半公開的資訊。想像一下，如果你身上早就存在與心理疾病相關的症狀，而病歷遭駭，你就會收到電子郵件恐嚇你，威脅你要是不以比特幣（Bitcoin）付出一萬美元，就要公開資訊。等到你在讀這本書的時候，我敢說已經發生了這樣的事，只是或許事件還沒見報。[15]

還沒有太多人知道，現在的駭客確實會**針對**醫院及電子病歷攻擊，他們進入醫院的資料庫，叫出一些醫療資訊，以特殊的方式儲存，讓醫院無法存取，向醫院證明說他們確實握有敏感資訊，然後要求醫院付贖款。遭駭的病歷在黑市上的價值，比遭駭的信用卡資訊高出十倍。通常醫院會付錢了事，不會大肆宣傳駭客事件，畢竟以企業方式經營的醫療機構，怎麼會宣傳自己的弱點呢？但是，我認為我們不應該以為這類事情，往後都能這麼平靜解決，到了某個時候，勒索者也會想要勒索病人，或許已經發生了。又或者某些駭客終將會乾脆公布資訊，而不會要求贖金，或者駭客自己也會遭駭；又或者有些醫院可能不會付錢，害怕就算付了錢，這些資訊還是會被公開，或者認為要求的贖金太高。又或者駭客可能會不斷想要藉由這些資訊索要金錢，結果讓交易談判破裂，資訊就遭公開。這就像所有的綁架案中，不是每一次人質都能毫髮無傷地回來，我們也不能期望所有資料綁架，都能有一個和平而雙方合意的解決方法。同樣地，雖然現在信用卡卡號和社會安全碼是最容易受攻擊的，但是很容易想像得到，未來醫療資訊本身也會是有價值的資產，可以用來交換或要求贖金。[16]

這裡我們也必須以正確的觀點來看待這樣的問題，在這些案例當中，有許多的主要問題在於罪犯，而不是科技公司，再說能夠以更優秀的科技來確保網路安全，可能也是我們最大的**保護**，能夠對抗這種結果，但是每一種新科技確實都會引發新型態犯罪，而這類憂慮愈來愈多，只是當然創新的公司本身並沒有道德缺失。

另一個潛在的問題可能會從基因檢測以及存在於這些結果中的資訊裡產生，現在你只要拿棉花棒在口腔裡擦一下，就能取得 DNA 樣本，寄給好幾家公司，其中發展最好的就是23andMe 公司，他們會將一些你自身的資訊寄還給你，包括評估你是否容易罹患某些特定疾病（這點已經有一些法規限制了）、關於你種族背景的資訊，還會告訴你有誰可能與你有血緣關係。這其中可能牽涉到一些隱私問題，但是目前似乎還在可管理範圍內，而且由該公司所持有的資訊也（還？）沒有洩漏到公共場域。但是可以想像在未來，基因檢測發展成更為細膩的科學，或許只要讀取你的基因組就能判斷你的責任感、智商、脾氣、罹患憂鬱症的可能性，還有其他未來雇主和未來配偶會感興趣的因素。這份資料很有可能只是概率估計，但還是很有價值，也可能會帶來麻煩。

若是如此，當然這只是推測的結果，不過我想侵犯隱私的可能後果會相當嚴重，個人對於要不要讓人註記這樣的資訊，會感到極大壓力。想像一下，你去參加工作面試，而不願意主動交出你的基因資訊，公司的回應可能就是拒絕雇用你。又或者面試官會請你喝杯咖啡，然後從杯緣的口水印取得你的少許DNA。如果你跟某人交往，就很難保密一切基因資訊，而一旦這份基因資訊不知怎地「曝了光」，大概就會不停擴散。基因檔案比較漂亮的人，或者別人認為這類檔案較好的，這些人就會願意公開自己的資訊，放到開放資料庫上。而那些不願意從善如流的人，通常就會被當成是「較差的」，無法公開的資料自然就會讓人有這樣的推論（例如要公開犯罪紀錄、與司法機關來往的紀錄會有風險，也可以用同樣的邏輯去思考那些不願意公開的人）。或者資料可能會遭駭，公開到像是維基解密（WikiLeaks）的地方，以賄賂買通或許無法永遠讓這份資料保密。

一九九八年，科幻作家大衛・布里恩（David Brin）出版了知名著作《透明社會》（*The*

Transparent Society），他注意到人們正逐漸失去隱私；但很好奇，這件事會不會大致上算是好事。他強調如此會造成腐敗減少、公開真正的自我，同時強化了名譽和競爭的保證，基於這些原因而樂見這樣的發展，這確實可以稱為「更透明」，而不只是「失去隱私」。當時我覺得這樣的觀點相當有說服力，但是過了幾年，我又認為這沒什麼道理了。一來我們已經知道，公開透明不大可能如我們所設想的那樣引出真相，在一個所有或大部分資訊都放上網路的世界裡，有些政客只會說更多謊言，而且世界上還有許多人和機構願意為他們所說的話背書。以公開透明來對抗腐敗的效果似乎也比宣傳所說要低。例如以美國總統川普為例，當利益衝突曝了光，他的主要策略就是乾脆否認或說謊，而至目前為止他都能過關。同樣地，在完全透明的世界裡，「真相」的來源總是百家爭鳴，而似乎也很難決定誰才應該是最重要的守門人。

從好處想，未來保護隱私的科技發展，很有可能會超越破壞隱私的科技，包括科技業在內的私人企業，也已經很努力更進一步保護隱私。現在很簡單就能加密你的訊息，而且要不是因為美國國家安全單位的反對，加密技術會更早出現。你不一定喜歡加密技術的擴散，畢竟這項技術可能遭到恐怖分子和其他罪犯濫用，不過其掩飾了科技界只會侵犯隱私這個概念，而且你也可以買拋棄式手機，或取得用過即丟的電子郵件位址，這二者也是由企業提供保護隱私的例子。

許多加強隱私的科技存在我們身邊已久，你可以在車窗上貼調色的隔熱膜，也可以在偏遠的地方買房子，而且現在也比過去更容易找到不同的購物中心、電影院和餐廳，那裡很有可能沒有人認識你，那麼你就能保有隱私去進行自己的工作或私人生活。有時候我會覺得與其他地方比起來，現在的異國餐廳，尤其是那些香料放愈重的、愈俗氣的、愈極端的愈好，對於不屬於這個族群的人而言，也可以是一種保護隱私的地方。

只要比較一下美國現代都市和郊區，以及在鄉間小鎮的隱私狀況，雖然住在人口更稠密區域的人們更常使用網路，他們似乎享有更多隱私，大部分是因為這些地方的人口密度，以及各種不同實體空間的大型網絡，無論是餐廳、政治集會場所、超級市場，或其他地方都包括其中。最重要的是，因為這裡是公司行號與商業活動密集的地方，所以提高了都市和郊區的隱私程度。又或者拿最極端的例子來相比，若你身處現代美國都市的隱私，對比身處完全沒有網路的印度鄉村時的狀況，答案似乎仍是相當明顯：商業與企業發展的淨效應都能提升個人隱私。或許有一天這樣的趨勢會翻轉，不過就目前說來，商業與企業發展更努力確保隱私權，而非侵害之。

最後，看起來企業並不是我們個人隱私的主要敵人。一般而言，從朋友、親戚、同事和朋友處聽來的八卦，對大多數人更有侵犯隱私的風險，勝過從谷歌或社群網路蒐集而來的資訊。我不知道要如何評估這部分網路和非網路損害的相對範圍。不過八卦是古老的問題，即使是現代，也有許多更嚴重的隱私侵害，是從相當傳統的管道而來。而且不像是針對社群媒體的不實指控，我們通常都沒辦法反擊這些在人背後的說三道四。在職場上，某個員工可能會告訴老闆另一個員工偷懶、常常遲到、喝太多酒，還跟辦公室裡某人搞曖昧等等。同樣地，這類的侵害隱私、謊言，至少有可能會比社群媒體及網路上發生的事情還要糟。

在美國生活中，公立高中和初中這部分也遭受了隱私侵害，而有說不出的苦，大多都是因八卦流言而起，其中包括了家族醜聞、友情破裂、戀愛花招、無謂的嫉妒、運動表現、誰是「呆瓜」等等，還有其他許許多多個人私事，都是在這些學校上學的人非常關心的事情。有時候家長也會關心，尤其是八卦轉為霸凌或傷害到孩子的學業成績時，事情好像常常會變成這樣。當然，這些八卦問題早在科技公司出現之前很久就存在了，或者也可以說是電力出現之前；即使是普通人也會有破壞他人隱私的傾向，有時接近虐待狂的程度。美國高中和初中的殘酷世界，就是第一手且最直接的證明，這樣的傾向通常所依賴的科技都不算先進，僅僅靠著口耳相傳或電話就能辦到。或許科技會讓這類霸凌的某些面向更糟糕，卻也讓人得以逃離那樣的世界。

在這章的結論，我想再提出一項關於科技業的論點。在各位讀到這一章的時候，還會出現與科技業相關的新議題，或許牽涉到駭客、反托拉斯、政治醜聞、資料濫用和其他可能性，很有可能你會從主流媒體讀到這些議題，或是觀看有線電視上的討論。只要記住，這些媒體機構大部分都出現了財務危機，有些是因為觀眾取消訂閱，有些則是因社群媒體而失去了廣告收益，尤其是臉書及谷歌，可以說**這些媒體公司的主要競爭者就是臉書與谷歌**，而如果它們報導臉書與谷歌的新聞，你認為它們會有多客觀？簡單問一句：媒體管道是否也適用利益衝突的規則，就像它們的記者要遵守規則，它們自己報導主要競爭者時也相同嗎？

我仍然堅持自己的核心主張，美國的科技業一直遭到蔑視。

第七章
華爾街到底有什麼好的？

自從二〇〇八年的金融業崩盤和大衰退開始，金融業便一直是美國政治與辯論的主要代罪羔羊，如果想找個很典型的頭條標題，就像是《華爾街日報》的這條：「伊莉莎白・華倫（Elizabeth Warren）對大銀行仍不妥協。」我想提出一個更廣泛的觀點，此時你或許也不會感到驚訝，我認為美國金融業所遭受的批評太過嚴厲，也飽受輕視。為了解釋這點，首先要了解一些歷史。

細看這幾百年來西方的崛起，就會發現文明和金融的興盛是同步發展的，蘇美人最初建立起分工細膩的城邦，會計、帳務、借貸及銀行等方面比起五千多年前都有了長足進步，幫助各大古代文明起步，最終改變了歐洲及中東地區，希臘城邦則改良了借貸和財產儲蓄的銀行系統。

後來文藝復興崛起和對藝術的贊助，都和先進的銀行系統密切相關，將歐洲許多區塊藉由借貸、資本積累，以及匯票等連繫在一起。中世紀的貨幣交易場合轉變成了更有系統、範圍更廣的機構，成為經濟成長的重要推力。會計科技也隨之進展，而且許多形成現代國家的先決條件也已經準備完成，大部分都是透過金融機構的記帳技巧。後來，銀行及公共信用幫助英國崛起而成為領導強權，讓這個國家能夠保護自己不受歐洲的侵略與破壞，因而造就了後來的工業革命。事實上，銀行與金融的崛起對文明的發展、歐洲崛起，以及西方文明中最好的部分，都是至關重要。

換句話說，銀行與金融的成長通常都對經濟很有好處，因此對大多數人民也很有好處，我們可以討論的是，銀行和金融對早期經濟成長究竟有多大程度上是因，還是果，但或許二者皆是。很難想像持續不斷的經濟成長中，會沒有伴隨著不斷進行的銀行及金融發展，能夠分配隨著新獲得財富而來的資本。銀行和金融將社會儲蓄下來的資源，轉變成能獲得更高報酬的投資，若是沒有這樣的功能，經濟成長就無法起飛。

美國的狀況也符合這樣的事實，銀行與金融對於美國共和體制的建立、國家建設，以及紐約得以崛起而成為全國重要都市，都相當重要。支持銀行與金融，就是接納理解這些發展的過程，在辯論中也站在了正確的立場。比較激進的傑佛遜式民主派[1]人士普遍都對銀行心存懷疑，同時也不信任要在美國廣為工業化的做法。在十九世紀時，美國確實經常能聽見反對銀行的論辯，很多也跟今日所提出的指控類似。銀行被說成了吸乾國家的寄生蟲，腐敗與濫權橫行，而且利用中央政府的支持來贏得司法特權，並從更多人民身上抽取利益。但是在這整個過程最後，結果是美國銀行儘管在當時仍有諸多瑕疵，卻幫忙建造起廣大的道路網、運河、自來水廠、港口，還有部分後來的鐵路及電氣化設施，這一切都有助於讓美國各地連通在一起，成為世界上最富裕、最自由的一個國家。奇怪的是，評論者反對銀行的觀點相當一致，不過，也反映出一個沒有完整銀行系統的世界，也會是一個以農耕為主的世界、一個無法有效運用能源的世界、一個缺乏社會及地理流動性的世界。同時也要記得，在南北戰爭中，北方擁有更優越的銀行系統及金融能力，是贏得內戰的關鍵，因而得以讓奴隸自由。[2]

確實在這一路的發展上，我們也看到金融業有許多誇張作為、製造許多泡沫，還犯了許多法規過失；重點在於，並非一切都能如此理想，無論是在文藝復興期間或美國歷史上皆然。不過，從更廣的歷史觀點來看，支持銀行和金融就表示支持經濟發展以及讓文明的榮光，能夠照耀到更多領域，包括了藝術、哲學，還有現代民族國家的成長。耶魯大學金融學教授威廉·戈茲曼（William N. Goetzmann）在自己的著作《金錢創造文明》（暫譯，*Money Changes Everything: How Finance Made Civilization Possible*）中，提出這個論點，若是銀行與金融創新無法繼續進行，西方世界的發展程度會比今日遜色不少而且創意不足，也不會有如今的盛況，再過幾百年以後，我們的後代可能也會回首今時，並說一樣的話。

但是自從二〇〇七至二〇〇八年的金融危機後，眾人的態度便轉到另一方向，評論者也紛紛以惡毒的言語抨擊金融業。二〇一六年，伯尼·桑德斯參與民主黨總統初選，誰也沒有想到他居然能走到這一步，他的矛頭就像雷射槍一樣對準了銀行及金融業，正如參議員伊莉莎白·華倫也是。讓人吃驚的是，有多少知識分子、網路論壇參與者，甚至連工人階級的美國人也坦白說自己有多麼不喜歡銀行，或者至少也會坦率說出自己認為銀行所代表的意義。

而且也不只是左翼人士，就連共和黨在二〇一六年的總統選舉政見上，也支持新版格拉斯—史蒂格爾法案（Glass-Steagall Act）[3]，藉此拆解大銀行。金融危機期間，為布希總統負責不良資產救助計畫（Trouble Asset Relief Program，TARP）紓困工作的尼爾・喀什卡里（Neel Kashkari），也直接呼籲要拆散銀行。還有其他保守派和自由派的聲音，包括湯瑪士・柯尼（Thomas Koenig）和亞諾德・克林（Arnold Kling），也都思考起美國是否不應該太過徹底執行反托拉斯法，轉而發展為更多比較小型的銀行，尤其是如果一家銀行「大到不能倒」（too big to fail），那不就代表這家銀行確實太大了嗎？

最重要的是，有太多金融業敲詐顧客及客戶的（真實）故事，二〇〇七年，華爾街五家最大的公司付給高層的紅利高達三百九十億美元，但卻讓股東損失了超過八百億美元。美國最大的房地產抵押貸款公司Countrywide前任CEO安傑羅・莫吉洛（Angelo Mozilo），二〇〇七年依股票選擇權兌現了一億二千一百萬美元；但他的公司該年度卻損失了七億零四百萬美元，讓他成為泡沫經濟時期不負責任借貸行為的代表人物。度過了金融危機後，發薪日借貸公司[4]似乎會收取高昂的利息，而有眾多證券經紀商就算知道某些股票不是好投資，仍然會推薦顧客購買，好從中抽取佣金或回扣，而這類不良行為的清單還會不斷加長。[5]

同時評論者也提到金融業吸走了美國的人才。在金融危機之前，大部分哈佛畢業生的目光都鎖定了金融業工作，但如今已經不是如此了。就在二〇〇七年金融危機爆發前，百分之四十七的哈佛畢業生都進入了金融業，不過到了二〇一三年，只有百分之十五，比例還是很高，但已經是比較合理的數字。撇開其他條件不談，一個聰明的人進了金融業可以很快起步，而且不必經過數十年的經驗累積就能賺進大把鈔票，這一行就跟科技業一樣對年輕人的認知優勢有利，包括敏捷、耐力，以及飛快精通（或發明）新產品和交易技巧的能力。[6]

這些日子以來，矽谷公司的規模有相對成長，而且或許更重要的是，薪資與紅利機會也一樣增長，而有些早期對金融業的興趣便削減了。銀行和金融業就是沒那麼酷了，誰會想要長大了去當銀行的「大肥貓」呢？對金融業工作的興趣消退，就表示社會體系正調整著趨於平衡；但是評論者認為，到華爾街工作的欲望，仍然反映出一個人可能得到多大的獎賞，和其整體對社會的貢獻之間多少斷了關聯。

確實，銀行和金融業有些問題並不會出現在其他商業活動中，金融業的其中一項核心特色廣義來解釋，就是想辦法將低獲利的資產轉變成高獲利的資產。一方面說來這樣很棒，畢竟誰不想要高獲利的資產呢？無怪乎金融業能夠發大財。另一方面這樣的活動卻有令人擔憂的風險，可能會導致泡沫、吸引欺詐的騙子，或者會形成不良的金融結構，太過依賴債務及非流動資金的煉金能力，也是完全不負責任的態度，想要盡量擴張潛在的低獲利資產而接近極限。

接下來在這一章，會聚焦在金融業如何確實為現代美國社會帶來更高的收益，還有幾項相當重要的好處。我也認為有許多銀行及金融業所謂的缺點，並不如許多人所說的那麼嚴重，所以再次強調，美國商業不夠受重視，而且我們也會看到，金融業這一塊所受到負面錯誤認知特別多，而若是能懷著更正面的欣賞之情，我們對這個世界的了解會大幅躍進。

創業投資帶動了美國創新

全世界都羨慕著美國的創業投資系統，如果你有一個新點子，但是基礎還不夠穩固而無法公開上市，便可以去尋求創業投資。「創業投資」一詞有各種不大一樣的用法，不過可以想成是透過有系統地評估公司計畫與人事，在早期挹注資金給成長潛力高的發展中小公司，美國很擅長這個過程：二〇一五年估計在美國的創投活動在五百八十億至七百七十億美元之間，該年度有七十四筆大交易（投資一億美元或以上），談定了將近八千一百輪投資。[7]

有許多創業點子有風險，銀行不願意投資，但創投家願意，例如某個聰明的創業家興起一個網路產品的新點子，有百分之二的機會可以大放異彩，但也有可能失敗而害得公司破產。銀行家或許不會有興趣，因為他們只想著要把資金賺回來，而不願意參與其向上發展的潛力，而且萬一發展不順利，他們也無法拿到太多抵押品。創投家就不一樣了，他們可以在向上發展時得利，同時也了解成功的機會不大，他們或許會投資幾十個或數百個新創公司，知道其中有許多會失敗，但只要有一小部分成功，也就占了投資者大部分的最終獲利。

不過，創業投資不只是錢而已，同時也是一套專業的系統網絡；因此新創資金中，也包含了建議、指導、教學，以及監管。創業投資在矽谷進行的情境，大部分都是在做人才評估，而且最後要幫助真正的人才找到最適合的員工、董事會成員，以及商業人脈。最優秀的創投家對於其他人有非常準確的直覺，基本上能夠牽起人際連結並啟動計畫，將他們的錢投資在優秀的計畫中，把許多人才拉在一起，組成空前強大而多產的聯合創意企業，創投匯聚了許多人類歷程中最好的面向。

創業投資的本質反映出一個較為廣義的金融觀點：這不只是錢的問題。許多類型的金融活動通常都會聚集在同一個地方，像是在紐約或倫敦的傳統銀行借貸和交易來往、在矽谷或以色列特拉維夫（Tel Aviv）的創投活動，又或是讓好萊塢的電影計畫得以順利開拍。會出現這樣的群聚現象，是因為金融與信任關係的建立實在是息息相關，投資人想要與自己來往的人碰面，並且能夠評估、監管、給予建議，而這麼做，就需要整個網絡具有一定的實質近距離接觸。最佳的金融中心就會在能夠完美連結人才的地區發光發熱，而紐約、倫敦及矽谷都展現出這樣的特色，而且在非金融的領域像是藝術、娛樂和美食等亦然，或者以加州北部為例就是程式設計、管理，以及預測。創業投資一項最為驚人的特點就是，在世界上其他地方很少見到，這表示要進行創投必須冒險且克服重重難關，複製出一整套相關機構；最重要的是，擁有強大而互相信任的互惠商業支持網絡。

大眾最常將創業投資與矽谷和科技界連結在一起，而且確實幾乎所有主流科技公司一開始都有接受創業投資，不過創業投資的觸角還更廣：只有大約百分之二十的創投公司，專門投資，可能是所謂的資訊科技公司，大部分創投公司都會投資三種以上的產業，而有百分之三十九的創投公司認為自己會博覽群才，不會專注在特定產業上。[8]

醫藥也是一個創業投資相當重要的領域，未來可能仍很重要。大約有百分之十三的創業投資公司，專門投資某種形式的健康照護事業，而這通常也會與資訊科技結合。在更廣義的科技界中，醫藥和生技的潛在創新都有很高機率會失敗，可能就會讓銀行和其他傳統借貸公司卻步。不過，若這些創新一朝成功，卻能帶來巨大益處，對社會大眾尤甚。這又顯示出了股權投資是可行方法，但是很多生技計畫實在太小、太不成熟，或者太難解釋或簡報，根本無法上市，同樣又是創業投資出手挹注這個領域中的眾多創新。如果最後我們能夠治癒更多癌症，或者人類普遍都能活到一百二十歲，我們大概都要感謝創業投資。[9]

太陽能、電動車零件，以及新的電池科技，同樣吸引了創業投資的注意，這些新穎的創意中，有很多也是在金融圈認定風險很高的。如果美國能夠轉向綠能經濟，屆時創業投資可能也是厥功至偉。

根據美國創業投資協會（National Venture Capital Association）的資料，倚賴創投資金的公司占美國GDP的百分之二十一，以及私人企業百分之十一的工作。該協會是創投界的代言人，可能這個資料來源不夠客觀，不過大多數專家都同意，創業投資的影響力遠超過初期投資的規模。藉由創業投資起家的公司包括微軟、蘋果、谷歌、思科（Cisco）、eBay、亞馬遜、安進製藥（Amgen）、Adobe、星巴克（Starbucks）、賽門鐵克（Symantec），以及優步。一份報告中估計美國每年創立的新公司有五十萬家，其中只有大概一千家接受了創投資金，但是有約百分之六十進行首次公開募股（initial public offerings，ＩＰＯ）的公司，都是以創業投資起家。其他相關的數包括：估計由創投支持的企業占了美國總市值的百分之二十，占美國上市公司研發支出的百分之四十四。[10]

也就是說，即使命中率不高，創業投資也確實能夠找出贏家並給予投資；而當創業投資真的失敗的時候，大部分也不會有人四處去求人紓困或救濟。

在地區來看，不只是矽谷，波士頓、布魯克林（如果不將這裡算成是紐約市的一部分，就會成為美國第四大城市），還有德州奧斯汀，這些地方的經濟都因創業投資及其連帶投資，而有了新風貌。例如，如果你好奇為什麼奧斯汀會有這麼多好餐廳，又有這麼酷的市中心可以四處逛逛，而這裡受過良好教育的人口比例為什麼會上升得這麼快，答案有很大一部分就是創業投資。在布魯克林，創業投資有助於推動縉紳化（gentrification），以及降低犯罪率。波士頓大部分地區都設立了由創投挹注資金的組織機構，通常是與生技相關。而創業投資的存在，也幫助了麻省理工學院（ＭＩＴ），以及哈佛大學（程度較低），維持並延伸其做為人才中心的關鍵角色。

世界上其他主要經濟體的創業投資，大部分都是到了最近才開始更有發展，在柏林、首爾和新加坡等地則是直到現在才出現，而美國卻是從一九八〇年代就出現許多創業投資活動，其中有一些還能回溯至一九四六年。半導體公司早在一九五九年起便從創業投資中受益（快捷半導體〔Fairchild Semiconductor〕），而這些市場早早就存在，更是矽谷會出現在美國而非其他國家的主因。世界上針對科技業的第二大創投市場位於以色列，這個八百萬人口的國家能坐上全球第二名，表示在全球各地其他地方的創業投資仍然相當落後，而要能成功發展相關的信任程度及商業網絡有多困難。當然，以色列的創投市場也從美國引進了許多概念、啟發，以及人才。[11]

有時候你會聽到有人說，跟更大類別的「壞金融」或「耗費金融」比起來，創業投資是「好金融」，但是創業投資無法獨立於美國經濟的其他部分之外，而憑空運作，而是與銀行馳援和信用狀的系統、創業投資者有效管理資產、有條理的首次公開募股、流動性的證券市場和其他特色等等整合在一起，若是沒有外圍的美國金融體系這些功能良好的特性，創業投資便不可能成功。

我們要有金融，尤其是創業投資，一部分原因是，我們不是每次都能事先知道系統中哪個部分能夠成功。在創業投資發展早期，實在看不出來能夠有大規模成功，事實上有些人還認為創投有些驕矜自負、浪費錢，只有相當少數有遠見的人認為，這能夠幫助推動矽谷，和後來生技業的創新。而且，創業投資的一項驚奇之處就是有遠見者發現，自己手上聚集了愈來愈多資源，不久就會轉化成進一步投資在創業投資上；因為這些有遠見者，並不是那種會把所有財富，積累在美國國庫證券或自己支票帳戶裡的人。創業投資會讓贏家拿到大筆獎賞，讓他們在下一輪投資的方向上更有主導權。

首次公開募股的文化與創業投資有關，只是並非每家IPO的公司初期都有創業投資的資金，而也不是每家新公司都想要進行IPO，維持私有企業的優勢似乎日漸增長，這也反映在IPO數量不斷下滑。不過，IPO至少仍然是各家公司，希望讓創建者更有流動性的選項，就算一直沒有做IPO，或者一直到公司發展晚期才進行，無論如何公司創辦人都知道，若有必要他們就能夠選擇更高的流動性。不管是什麼情況，IPO和創業投資都反映出，美國資本市場如何更輕鬆地，以Paypal創辦人之一彼得．泰爾（Peter Thiel）的話來說，從零到一。[12]

當然，輸家關門大吉便是這一切新商業成長的負面影響，近來較傳統的科技能獲得的資本變少，照護之家、生技業、新創公司、餐廳、豪華旅遊和其他不斷成長的領域，則有更多資本注入。創業投資也是這一普遍現象的一部分，其中銀行借貸、債券市場和美國資本主義系統中其他部分會決定，哪些投資人能獲得額外資金、哪些不能。這看起來可能只是微不足道的功能，但是世界上有許多金融體系在這方面的表現都很差，日本和西歐許多地區都支持著「僵屍銀行」或「僵屍公司」多年、甚至數十年，讓資金無法流動到新興領域中，這些政策背後的目標是要盡量減少經濟混亂，但卻損害了長期的動能。讓成立已久、可能已無清償能力的銀行及公司繼續存在、運作，早先的決策及決策者更有可能穩居不墜，那麼就會拖慢了市場機制中創造性破壞的過程，以及讓新興的經濟領域取代舊的，包括科技業。從業界的角度來說，美國經濟對不斷變動的世界適應得更好，有部分要歸功於相對活躍的企業金融制度。

美國股市表現良好，讓美國人富裕

要提高收益的一個方法，就是將股權的獲利分配給數量更多、組成更多元的個人。自十九世紀中期至晚期以來，美國股市便帶來了相當驚人的收益，雖說也要看是哪個特定的期間，不過從許多常見的衡量方式來看，美國股權的收益一年平均有百分之七，而這是經過通貨膨脹調整的數字，從這個情境下來理解，百分之七的年獲利率就表示，一個投資組合的價值每十年就會翻一倍，在未來或許會也或許不會還維持相同的收益。但是為了方便本章討論，我們就專注在已知的數據，那就是過往歷史中從持有股權的獲益。[13]

當然，百分之七只是個平均數，大多數年月中，股票能賺進超過或少於百分之七。再說也不是每個美國人都握有多元的股票組合，而且許多投資人會將部分賺得的錢浪費在過度交易（excess trading），而產生了連帶的交易成本。財務顧問的詐欺行為也是個問題，根據一項最近的研究，有百分之七的現職財務顧問都有過因不當行為，而遭定罪或與人和解的紀錄。這類不當行為案件的和解金中位數是四萬美元，而牽涉這類案件的顧問中，只有一半遭到解雇，而遭裁員的人當中，又有一半在金融服務業中找到了新工作。[14]

不過，在美國歷史中任取三十年期間，股票的收益都非常高，尤其跟債券的收益相比更是。具體而言，如果你在一九二九年華爾街股災之前，就買了一套具代表性的股票組合，三十年後相對於國庫證券能夠賺到的獲利，你一年就能賺進本金百分之六以上的利潤。[15]在一段可相比擬的三十年期間，安全的政府證券通常一年只能賺進百分之一，比起能夠在股市裡賺到的少太多了，如果只有百分之一的收益，投資人就要花七十年才能讓本金翻倍。

美國基本上就是一個相當鼓勵人民，把大部分錢財投資在股市的國家，截至二〇一五年，百分之五十五的美國人都有投資股市，這對美國金融體系而言是一大獲益，而對一般美國人民來說則價值幾千億美元。就算你自己並未擁有許多或根本沒有股票，你的退休基金或卹養基金卻很可能有。而世界各國有許多都已經在這方面趕上美國系統的腳步，股票的擁有者遍布全球又是美國率先耕耘的一個益處。[16]

不是所有美國人都會利用這些收益來儲蓄財富，事實上眾所周知，美國的家庭儲蓄率一直都很低，通常都在百分之五以下，有時還會低於百分之四。這對美國來說是個很嚴重的問題，但其實也反映出與金融中介的來往太少，而非太多。無論如何，股權收益高讓美國人能進行更多消費。

美國人會買這麼多股票，一個原因是美國金融市場讓很多金融資產的流動性相當高，一般認為美國股市相當公平，也支持流通交易，還算是有求必應，而且紀錄管理相當準確。這表示投資人可以選擇高獲利的資產，而無須犧牲太多流通性，確實金融業應該提供服務的一項主要功能便是幫助個人流通其財富，例如現金管理帳戶和貨幣市場基金都很容易取得，收取的費用也相對低廉。個人也可以握有股票，隨時都能取得那些基金。美國體系在這方面表現良好，幾乎在各個風險高低層面都列出了令人眩目的投資產品，而且美國人能夠以相對較不流通的財富形式做抵押，例如房屋、車輛和其他所有物，還能相當輕鬆接觸各家互相競爭的借貸者，例如銀行、投資銀行、投資組合經理和其他機構，都出力推動將股權投資變為合法策略，也就讓基金能朝著那個方向流動。

在討論到消費的時候，可以說美國的金融系統讓財富能夠流通，表現實在太好了。正如先前提過的，美國家庭儲蓄率無論是跟其他富裕國家，或美國的歷史平均比較起來，都相對很低，而且令人憂心的是，還有愈來愈多人拿退休儲蓄來抵押貸款。真要說起來的話，美國的金融太過積極回應人們的想望，以這裡來說就是產生許多新債務。這樣的批評或許是「自己胖還怪服務生」的例子，不過這仍然是針對美國商業，一個相當重要且相當合理的指控，整個美國商業界就是比較擅長勸人花錢，而非幫人存錢。

行銷人員對美國金融市場有很強大的影響力，大多是往好的方向發展。以共同基金為例，確切的歷史來由仍是眾說紛紜，有些例子可以回溯至十七世紀，或甚至可以更早，不過美國經濟在一九八〇年代將這個概念發揚光大，讓一般投資人也能以相對較低的成本，來投資多元股票組合。美國的金融行銷人員在接下來數十年間，熟練地推銷共同基金，因而讓美國人對這些獲利豐厚的投資感到更安心。你可以說繁華而時尚的麥迪遜大道（Madison Avenue）讓美國人的財富增加了，而這些專業資產經理人飽受批評的行銷活動，似乎也提升了股權市場上的家庭參與。在一九八〇至二〇〇七年間，家庭資產無論是在共同基金或其他有價證券的占比，從百分之四十五上升到百分之六十六；擁有股票的家庭比例從一九八九年的百分之三十二，到二〇〇七年增加到百分之五十一；而二〇一五年則成長為百分之五十五，這一路上同樣也有金融中介機構的推動。[17]

同時也要知道，投資股票的成本隨著時間逐漸下降，例如從一九八〇至二〇〇七年，股權共同基金的平均銷售費用，從大約百分之二降到約百分之一，主要是有更多人運用免收銷售費的基金，因為投資人也學到了（雖然過程緩慢），其實高銷售費的基金整體來看的表現並沒有比較優越。我認為因為競爭和資訊的普遍傳播，這段學習的過程還會繼續，讓費用繼續下降。[18]

如果檢視對於美國金融系統的主要批評，會發現都與美國文化中一些比較普遍的特質交纏在一起，像是願意冒險和願意接納新產品和新概念，例如美國的次級房屋貸款危機（subprime mortgage crisis），不只是由銀行所引起的，而是衍生自更為普遍的美國文化，也就是積極推銷快速致富的方法，遠勝於銀行和房地產的運作影響。雖說如此，這樣比較開放而樂觀的文化傾向創造出一種相應的優勢，正如反映在美國人民從股票投資所獲得的高收益上。

你或許會認為美國的股權高收益，是來自於美國公司的好表現，而非來自美國資本市場，但其實二者皆有。美國的股權價值（平均說來，不是每一年皆如此）一直都很高且不斷上揚，因為各家公司一直都有相對較高的收益。不過，基金必須要流通並將之帶入貸款和股權市場和其他資金管道，例如創業投資。共同基金和對沖基金（hedge fund，避險基金）必須要願意冒險，也需要有機會將儲蓄投入股權，以及投入相對較新的企業。退休投資人必須要認為美國資本市場夠公平透明，才會願意將幾兆美元投入美國股權。

一個問題是，美國人民所得到的高股權收益是否為淨獲利，或者只是美國經濟內部的重新洗牌，比方說，美國人民可能在某些投資上賺了百分之七，但這卻會減少企業內部股東本身可能累積的收益。但是，如果美國金融系統能夠重新分配高股權收益，從企業內部轉移給更廣大的人民，我們大多數人都會認為這樣很好。

而且，美國人握有的大部分股權都在國外，一九八〇年美國居民的投資組合中，只有百分之二是外國股權，不過到了二〇〇七年，就上升到百分之二十七．二，這樣的改變有部分是來自美國經紀人與基金主管積極行銷海外股權，同時還有外國和新興市場更廣泛的成長。這樣的美國海外投資，或許占了美國人民淨獲利的很大一塊。[19]

要討論這樣的淨獲利，一個方式要考慮到美國國內的企業在海外投資了相當多，而且報酬率也相當高，從這些投資中的獲利有時被稱為「暗物質」，因為我們無法輕易觀察到這些獲利，所以其規模就成為爭論的主題。在經濟學中，「暗物質假說」最早是在二〇〇五至二〇〇六年興起，當時美國的貿易赤字大到超乎尋常，但是美元並不如許多人所預測的那般表現出崩盤跡象，多數時候甚至沒有貶值。怎麼可能？有些經濟學家，其中最值得注意的便是瑞卡多．豪斯曼（Ricardo Hausmann）和費德里柯．施圖辛內格（Federico Sturzenegger），他們提出一套新假說：如果將美國無形的海外出口數字考慮進來，通常都是和美國的海外投資綁在一起，實際的貿易赤字可能比估算的要低很多。具體而言，如果麥當勞在歐洲開設分店，美國也是出口了某種品牌資本、某種組織經營的知識，以及某種管理人員的專業；但這些能夠帶來的收益是在未來而非當下，跟狹義估算的出口量不一樣，結果就是美國的淨海外款項，要比帳面上看起來的好很多。因此才會用「暗物質」一詞，是為了致敬物理學的假說，認為宇宙中大多數物質，基本上都是用我們的測量工具無法發現的。當然，這個經濟暗物質的論點，是重申較早期的觀察發現，美國資本市場有助於為這個國家帶來更高的報酬率。

我曾經跟一位重要的韓國經濟學家聊天，他哀怨地跟我說：「我們為了出口得比你們更加努力工作！但是只要投資了你們的國庫證券就又統統還回去了，你們美國人投資海外企業賺得比較多。」這也是主張「暗物質」論點的一個方式，而且同樣反映出美國願意，且確實很渴望尋求更高獲利（也更高風險）的股權性投資。

對於這樣的「暗物質」現象可能有多大，眾人莫衷一是。豪斯曼和施圖辛內格在他們原本的研究中提出的數字，高達每年ＧＤＰ的百分之五．六，而暗物質的累積庫存則高達ＧＤＰ的百分之四十（二〇〇六年的估算值）。如果真是如此，那麼就不應該說，外國人在美國握有的固定資產淨值有二．五兆美元，而是美國握有的外國人資產淨值有七千兩百四十億美元，這價值可是天差地遠。[20]

後來有許多撰文者都表達出懷疑，認為暗物質獲利不可能這麼高，而暗物質假說也在金融危機期間逐漸失寵，畢竟此時美國的海外投資大量貶值，而混亂的情況讓人更難估算這許多價值。不過現在價值大部分都回升了，甚至連懷疑論者都承認，美國在海外的投資比起外國在美國的投資所賺的報酬率更高。同時也有許多獨立證據顯示出，美國企業正如我在第三章討論過的，管理狀況特別良好。[21]

那麼美國這樣的策略所獲得的報酬有多大？有位經濟學家叫做皮耶—奧利維葉・古杭夏（Pierre-Olivier Gourinchas）便估算，自一九七三年起，美國人所選擇的海外資產比起外國人在美國握有的資產，獲利高出了百分之二・〇至三・八。他認為這些較高的獲利，讓美國能夠使貿易赤字落在一年GDP的百分之二，卻不會失去國家淨資產款項的支援。也就是說，每年都有大約百分之二GDP是某種國際免費午餐；具體來說，是一年有三千三百四十億美元，這可是從美國金融業身上割下來的一塊大肥肉。

基本上，你可以把美國想像成是世界上最大、最成功的對沖基金，這麼做會帶來一些風險，不過，也讓我們成為一個更富裕的國家。[22]

美國做為避稅及銀行的天堂

美國人通常會認為瑞士、列支敦斯登（Liechtenstein），又或許是摩納哥或安道爾（Andorra）等地方，是我們這個時代的避稅和銀行天堂，而與亞洲有來往的，則會知道，新加坡與香港也有這樣的能力，又或是中國的私人銀行（private banking）。不過，近來美國也證明了自己是全世界最重要的金融天堂之一；瑞士一家律師事務所的合夥人大衛・威爾森（David Wilson）便稱：「美國是新瑞士。」因為這類企業的本質使然，所以很難取得可靠的實際數據，不過美國很可能是世界上最大的離岸金融中心。[23]

不必太多確切的爭辯或討論，美國法律的發展，已經讓這個國家內某些持有的資產，能夠享有特別高的保密性，尤其是州政府常常能做到聯邦政府不願意做的；在這裡指的就是為資產保密性增加規定，美國版的資產保密性包括了透過信託、空殼公司和基金會等管理金流，而不是較狹義的銀行。

例如人口只有大約八十五萬人的南達科他州（South Dakota），該州如今擁有超過二千兩百六十億美元的信託資產，而在二〇〇六年還只有三百二十八億美元。如果你在南達科他州有金融信託，那麼只要符合幾項基本條件就能讓信託合法保密，例如有指定本地的受託人，而且也有一位美國董事能夠指示受託人。你大概能預期得到，南達科他州政府便在這個基礎上公開推銷在此創立信託，因為州政府知道這些投資都對南達科他州的經濟有益。內華達州、德拉瓦州和阿拉斯加州等等其他州政府也都有各自的版本，提供相同好處。

這些信託有許多都是空殼公司，也不能說對南達科他州當地的實際經濟生活有什麼重大貢獻，不過，確實要付少量費用給州財政局；而且既然這些祕密信託，嗯，是個祕密，也就無法確切地說信託主人用這些錢做什麼。但是從常識來判斷，如果一個投資人將錢從阿根廷或委內瑞拉提出來，帶到南達科他州或德拉瓦州，那麼這些資金投資在美國而非國外的機率就比較高，畢竟光是轉移資金這個舉動，就是對美國投下了信任票，而如果這筆錢被移到了，例如新加坡，那麼就比較可能會投資在亞洲，因為社交和金融網絡還是跟地理距離有些關係。

美國做為一個稅務、銀行和信託的避風港，可能的結果或許會為這個國家帶來更多投資和工作機會，我們只是不知道會有多少。

同時經過估算，美國銀行中應該有上千億的外幣，大約價值八千億美元，這是根據波士頓顧問公司（Boston Consulting Group，BCG）估算而得的數字[24]，這是因為美元的優勢地位、美國存在著許多高流通性市場，以及美國銀行和其他金融機構相對較安全、保密，一般相信這些存款有大約一半來自拉丁美洲。同樣，這是因為美國金融業運作得當，可以想像成美國開放接納難民金流。

你或許會想知道這些機構到底多有助益。評論者總是會描繪出一個無情而腐敗的課稅世界，而其中的避稅天堂讓世界各地的政府無法獲得應當的稅收，因此削弱了優秀治理的力度。但是，真相並不是這麼簡單；有許多國家的公民並未擁有充分的權利，政權也極度腐敗，而保護私人錢財不受外國勢力的損害，通常是正當行為。惡劣政府的慣用手法，就是調查政治對手的財務狀況，然後提出指控以做為報復。而在調查過程最後也沒有公平的審判，即使這些指控中有**一些**是合理的，通常也不是美國會覺得，不應該鼓勵或乾脆停止的政治手段。而且**這些信託中有許多基金是已經合法課稅過的**，其主人希望能夠避免在未來遭到沒收的可能性，如果仔細看看是誰把錢送出中國、俄羅斯或委內瑞拉，常常都是好人，而非壞人。各位還記得在二〇一七年，沙烏地阿拉伯王儲將該國的百萬富翁和億萬富翁，囚禁在麗思卡爾頓（Ritz-Carlton）酒店，要求他們交出數十億美元，而且若不付款就拒絕釋放他們嗎？無論在這次沙烏地阿拉伯的爭議事件中，你站在哪一方，應該都不會意外知道，沙烏地阿拉伯是高機密離岸金融機構的大客戶。

美國做為稅務、銀行和信託避風港的地位，對美國絕對是有好處的；而從更廣泛的觀點來看，或許對全球其他地方也有益，那又會是美國金融系統的一項益處，只是我們還不知道這部分的全部淨結算結果。

金融業是否失控？是否太大了？

你或許會認為這些所有好處都要付出什麼巨大代價，但是跟你或許聽過或讀過的說法相反，美國的金融業就規模來說並不算失控。事實上，有很長一段時間，美國金融業所掌控的資產比例一直都相當穩定，大約是百分之二；也就是說美國金融業在全國財富的占比相當正常，至少就我們能夠輕易估量價值的部分是如此。

確實在二十一世紀起初，美國金融業最後是超過了百分之八的GDP，是這個國家的歷史新高，結果以金融危機告終。一直到一九六〇年代，這個數字都落在百分之四的GDP上下，因此看起來金融業的規模似乎是發展到失控地步了。[25]但是以GDP來衡量金融業，並不是恰當的方法。

把金融想成是財富管理的活動，而且是用在我們的整體財富，不只是我們目前收入的金流。例如，如果你開設了一個經紀人帳戶（brokerage account），通常會依據帳戶內的金額收取管理費用，而不是你的年收入。正如這一段一開始所提到的，金融在可衡量財富中的占比一直都相當穩定，所謂的可衡量財富包括債券、股票、貨幣市場基金，以及其他能夠訂出市價的價值形式，而這並不包括較難衡量的人力資本價值，或者放在你家裡各項物品的價值。

要記住，國民財富和國民收入的比率會隨著時間而變動，因此金融業規模與收入的比率也會不同。就以一個數十年來都維持國內安定的國家來說，該國財富和收入的比率很可能會提升，有許多現成的耐久結構、耐久公司和優秀的機構，其價值都會隨著時間累積，該社會的財富對收入比率就會上升。以GDP占比來衡量，由金融業控制的資產也會增加，這樣的狀態會令人滿意。當金融業在GDP的占比更高了，而其他條件仍相同，表示在經濟體中的一些基本條件運作恰當。金融業相對較大的規模並不會帶來好消息，不過確實反映出優勢，因此批評金融業在GDP占比太高或比例提升的評論者，是比喻有誤。金融業中有部分區塊發展得太大，或許是有特定因素，例如重新包裝次級房貸；不過，金融業在GDP

中占有相對較大比例，經常表示先前的經濟發展很成功穩定。

你若是知道了可能會感到失望，這種反應也很合理，也就是從百分比例來看，金融中介的成本並未下降，而是維持在那些可中介財富形式的百分之二左右。為什麼金融業沒有產生更多創新、製造更多破壞？畢竟打一通電話到非洲的成本已經大幅下降，難道我們不該期望銀行和金融業也有可比擬的進展嗎？我之後會回頭來討論。不過，現在重要的是先說清楚，美國的金融業並不是一頭失控的怪獸，大多是相當無趣的狀況，其成本所占比例幾乎一成不變，成長率也很容易預測，大致上符合美國社會的潛藏財富。[26]

有些證據顯示，金融業的員工薪水，高過了他們的教育程度，以及承擔風險的允諾。在一九九〇年以前，金融業員工收入在經過教育背景的調整後，大致與金融業以外的員工相當，但是到了二〇〇六年，獎勵卻提升了約百分之五十，而且管理高層更提升了約百分之二百五十，其中的一半都可以歸因於承擔風險，另外五分之一則是因為金融公司的規模擴大，其他的便是綜合了教育學位無法適當反映的特殊才能（抱負和動力？）以及沒有生產力的尋租，只是我們不知道各自比例為何。[27]

一個可靠的可能是，高收益公司因為能夠招募眾多聰明人所組成的網絡效應（network effects），而享有部分規模經濟（economy of scale）；那些公司能夠賺得更多，也就能分享部分收益，付給員工更高的薪水，尤其是管理高層。對超級公司有利的科技，在某個程度上也對大型金融公司有利，這些公司中有一些知道如何將新的定量技術，運用在市場交易和投資上，也就能賺取更優渥的收益。

另外，對某些投資人及投機者有利的規模經濟，也會降低金融的社會成本。比方說，如果頂尖的對沖基金主管一年賺進了十億美元，你可能會認為，不在這個領域中的其他人得花大約十億美元的資源，才能勉強爬上這樣的地位。或許是放棄自己在工程學的研究而改做金融業，那樣可能會是無謂地挪用了其他經濟領域的資源，因為太多人才會追求獨占利潤，而不想為消費者進行有用的生產。但是要打造出這樣的金融人才匯聚並不容易，就像不大會有地方銀行想要挑戰高盛（Goldman Sachs），全球其他城市也不太會想要對抗紐約和倫敦做為金融中心的地位，因此金融業的尋租成本和吸收人才成本並不是那麼高，不如其高層獲取豐厚獎賞的規模所暗示的。

而且我們所擁有最直接的證據指出，以目前的情況看來，金融業並沒有吸走美國在科學及工程領域最佳的人才。哈佛商學院的舒翩（Pian Shu）建置了一套系統化資料庫，記錄了一九九四至二〇一二年從麻省理工學院畢業的學生，她發現那些從事對沖基金和交易工作的人，都擁有高學術才能，可是在學校會更著重於發展自己由課外活動衡量的軟技能（Soft skills），而不會想要盡量取得最高的學業成就。比起那些後來拿到最多專利權的學生，也可以說他們的科學成就最高，從事金融工作的學生似乎有種系統性的差異。而且舒翩研究了金融危機期間，此時金融業的職位數量會明顯限縮，她發現並沒有證據顯示，會有更多人才投入科學及工程領域，她的總結是：「結果顯示金融業並未吸引麻省理工學院中，最有生產力的科學家與工程師。」這只是針對單一學校的研究，而不應該用來證明整體的美國經濟情況，不過這也完全反映不出，金融業從其他創新領域把人才吸光光的惡夢情景。真要說起來的話，這段時日以來的淨流向顯示出，科技業會吸引最適合從事金融業的人才。[28]

二〇〇七年出現了最讓人瞠目結舌的金融業薪水議題，當時前五大對沖基金的主管收益總和，超過了所有標普五〇〇公司五百位 CEO 薪水的總和。[29]這情況太極端了，聽起來一定出了什麼大錯特錯的問題（雖然有可能這些數字都太誇張了點）。以如此大量**製造商品**的人薪水，怎麼可能比不上區區五名金融操盤手？但是如果仔細想想，其實沒有那麼奇怪。有許多下注賭賽馬的人，這裡我指的是那些贏大錢的人，他們賺的都比馬匹和騎師還多。例如說馬匹和騎師在一場競賽中能夠製造的社會娛樂淨價值為 x，那麼錢贏最多的賭客很容易就能賺得比 x 還多，只是他們賭的是機率，有時是微乎其微的機率。這並不表示馬比賭客還不重要，畢竟沒有馬就不會有賭客，而且也不一定表示贏錢的賭客賺太多了，這是相當正常的情況，還依循著簡單的數學原理。回到金融業的薪水，對沖基金主管與 CEO 薪資的差異，不一定表示出現了重大的社會問題，只是你或許會覺得對沖基金主管拿這麼高的薪水，道德上不見得合理。要記住，對沖基金活動本身（就像賽馬的賭注）就只是財富的轉移，並不會直接消耗實際的資源，而讓其他經濟領域無法使用這些資源。

要更加了解美國金融業的規模，讓我們來看看這個領域大部分的成長是怎麼來的。從一九八〇至二〇〇七年，金融業產出有大約三分之一的成長，是來自積累出更高的資產管理費用，一部分也是這些資產的價值，確實因為資產價格利得而高出不少。而且這些財富中，有更多都投資在了擁有專業管理能力的金融公司，例如對沖基金以及創業投資基金。這些工具的相關費用一般都比較高，因此金融業的服務才會在GDP中占據更高比例，而且這些費用大部分都由一群有錢人付給另一群有錢人。[30]

在某些領域中，資產管理費用已經有大幅下降，尤其是因為有像富達投資（Fidelity）和領航投資（Vanguard），這類相對費用較低的基金出現。一份估算研究發現，相較於從一九七四年開始，就付給主動投資基金的平均費用，將資產存放在領航投資，已經幫消費者省下約一千七百五十億美元，而大約估計起來，領航投資也透過降低交易成本，而幫投資人省下約一千四百億美元，最後如果把領航投資鼓勵或迫使其他基金，也降低的多少費用加進來，就不難得出領航投資產出的金融利益，多達一兆美元這個數字。你可以將之做為對領航投資的讚美，也可以是控訴過去的狀況，或許二者都有一點。無論如何，雖然這些數字只是大略估計，卻展現出在降低費用上頗有進展。但是要知道這些費用仍然很高：二〇〇四年一份評估報告中算出，各種不同共同基金的經紀人費用為二百三十八億美元，自那時起，指數性和被動性投資便開始成長，但是過高費用的核心問題絕對還未消失。[31]

同時也要記住，共同基金的成長也代表了一部分金融服務費用的增長，這要歸因於退休這件事本質的基本改變。在所謂的「美好舊時光」（其實也不一定就那麼美好），勞工更常仰賴的是企業的確定給付制退休金（defined benefit pension），勞工不會像今日這樣透過共同基金和其他中介機構儲蓄，而是由雇主為他們做特定的儲蓄，這並不一定會顯示出確切的金融服務費用，部分是因為公司都倚賴著未來的收益金流，用來支付它們對未來退休員工的責任。在本質上，「退休儲蓄」的金融服務是在公司內提供，而不是由金融業本身來進行。當然，私人企業不一定能夠穩定擔保未來的付款，這也是個人儲蓄變得更加重要的一大原因。無論如何，歷史的發展表示，金融業所衡量到的成長是一種會計慣例，因為擔保從企業轉交到了個人手上，然後這些人偏好投資共同基金，而不會仰賴企業雇主在未來的償付能力。換句話說，勞工用費用較低的服務，換掉了本質上淨費用較高的服務，只是現在這筆新的（也較低的）費用，記在金融業的帳面上，屬於國民收入帳戶的一部分。

金融業成長還有很大一部分是信用成長，占了金融業從一九八〇年至二〇〇七年成長的四分之一，大約等於保險業規模的成長幅度，而少於證券業規模的成長幅度，這是金融業成長另外二個要素。這部分成長有些是因為房貸和銀行開辦費用的成長，所以比較直接與金融危機相關，無論如何，過度信用成長的問題，完全不算是這些年來金融業成長的主要來源。[32]

金融科技去何方？

對金融業要問一個最簡單的問題是：「最近金融為我做了什麼？」比如說，自從ATM改善了一般人的生活之後，還有什麼值得注意的創新嗎？這裡我說的不是像「暗物質」這種抽象的東西，而是實際的物品，例如我們每日可用的裝置或機構，可以讓我們的生活更便利。

這個問題相當公平，ATM在一九八〇年代開始普及之後，美國金融系統似乎就經歷了一段在個人使用者一端，沒什麼實用創新的時期，這點可以說也應該說是一項缺失。話雖如此，稍早以前這個魔咒也已解除，一九九八年開始營運的PayPal，讓人們能夠輕鬆與陌生人進行買賣。例如說，如果沒有PayPal，使用eBay的服務就會困難許多，或者更難將錢轉給完全陌生的人，包括那些你無法放心交付信用卡資料的人。PayPal改善了我的生活，大約有二十年了。

另一項便利的創新如今也已經建設完善了，那就是能夠在網路上付大部分帳單，這在一九九〇年代早期、甚至是中期都不可能辦到，為數百萬美國人一年省下許多時間。這也讓紀錄管理變簡單了，因為不必留存、整理、保管一大堆紙張，就可以追蹤自己的財務狀況；這些進展中還有一部分關係到稅務，可以在網路上報稅，退稅也能更快收到。苦有需要，緩繳也可以等到最後一刻再辦理，還不必付延遲手續費或罰金。

更近來，比特幣則創造出一種完全新型態的資產，其根據的法則在十年前還只有很少數的人才能想像得到。比特幣做為一種對沖和非正統的儲值方式跟黃金競爭，也可以當成一種貨幣來買（合法的）大麻，這樣的交易因為聯邦法規限制，所以一般的銀行系統無法支援。比特幣做為一種新媒介而形成了一個區塊鏈，可以記錄、儲存與驗證資訊，以及誰擁有什麼的共同協定，至於比特幣和其他加密貨幣，更廣泛來說還有區塊鏈，能夠對金融業形成什麼天翻地覆的變化還有待證明，或許甚至還無法保住市場價值，但是創新通常都是這樣進行的。創新者會嘗試眾多新方法，有些會被丟棄，有些則能成功，還有其他的隨著時間過去會演化成更為實用的東西。目前為止，比特幣和其他幾種加密貨幣已經打了懷疑論者的臉，也許等到各位讀這本書的時候，價值已經貶了不少，但無論如何，都是創新活躍著積極進行的跡象。

你對信用卡系統的運作方式感到困擾嗎？有許多商家都已經接受 Apply Pay 了，只要滑一下你的系統金鑰，或者如果你有蘋果手表就更好了，我等著這套系統可以同步到掃描我的視網膜，或許只要再等幾年就可以了。不幸的事實是，有許多在中國使用的付款方式，如今都比美國在用的發展更快、更便利，不過我想美國企業會追趕上的。

今日還有許多網路借貸服務，我認為其結果各有千秋，可能也有相當多扭曲了事實，我認為這是一塊初發展的市場，有一點像垃圾債券（junk bond），還在長牙期，尚未準備好迎接全盛時期，但是總有一天可以，網路借貸會永遠成為金融景況的一部分，在中國已經是如此了。

現今有些重要的金融創新相對較不顯眼，像是Stripe這家位於美國舊金山的付款科技公司，由二位愛爾蘭企業家派翠克及約翰．柯里森（Patrick and John Collison）兄弟創立，除了像是讓接受線上付款變得更容易等服務之外，還提供商家後端資訊的儲存服務。Stripe解決了許多商家的問題：如何接受顧客的信用卡，然後以安全的方式持有並留存這份資訊，而不必擔心可能會遭到駭入，或者單純的意外事故。Stripe做為一種中介機構，降低了網路安全的成本，服務那些不大能夠處理這些問題的企業，時間更久以後，就能夠為顧客降低價格並提供更好的服務，包括更健全的信用卡安全系統，以及更高的保密性。但是這項服務對大多數消費者而言，絕對不會像自動提款機那樣容易辨識。另外，Stripe的亞特拉斯計畫（Atlas project）讓人能夠更簡單，就在德拉瓦州註冊為美國企業，減少了花費與文書工作的負擔，讓許多住在國外的企業家能夠享受美國法制的好處，到頭來，金融平台確實是一個進一步推廣商業服務的實用之道。

既然如今金融和資訊科技不斷在整合，我不知道有多少人，無論是不是金融體系的評論者，會認為在二十年後的金融業科技仍然遲滯不前。美國的金融體系正準備要為消費者做更多服務，而在過去十五年來確實已經轉向了更加有益的創新。

美利堅治世

美國做為全球金融首都，最大的好處大概就是，讓美國得以維持世界警察這個更為重要的角色，而在某個程度上也是全球的霸主。只是要申明，討論美國的外交政策已經遠遠超出本書的範圍了，而我們都應該承認在歷史沿革中，美國犯過幾個慘烈的外交決策錯誤，最明顯的大概就是越戰，以及第二次伊拉克戰爭。但是就如同大部分美國人一樣，而且我認為大多數崇尚自由的西方人也一樣，我主張美國在全球局勢上的存在，整體說來是強大的正面力量，幫助西歐不受共產主義迫害，最後拉下了鐵幕，也保護了韓國、日本及臺灣，或許還減少了想要建造或購買核武的國家。今日的世界比起像是一九七五年，是一個更為自由且更為富裕的地方，美國儘管有其傲慢與錯誤，在這段過程中扮演了不可或缺的角色。

不說教了。

好，重點是這個（而且其實也是根據這裡不斷強調的主題，金融有助於將低收益的資產轉變成高收益資產）：一個國家若不是重要的金融中心，便很難維持在國際舞台上的地位。例如蘇聯數十年來在全世界扮演重要角色，但是最後這個國家沒錢了，無法振興科技發展，甚至付不起帳單，這背後有許多原因，不過該國的資本市場發展不足是個大問題。貨幣難以取得一直是蘇聯的致命傷，即使對菁英階層，以及受國家青睞的計畫也是如此。相較之下，大英帝國這個國家比蘇聯小上許多，但是在十八世紀中期一直到第一次世界大戰，甚至一戰結束後不久，大部分時間在全球都能呼風喚雨（我不是要說他們的殖民決策都是好的，甚至大多數都不算）。不意外的是，在同樣這段期間，大英帝國在世界經濟及金融也居領導地位，而倫敦更是世界金融首都，一直到紐約市崛起才讓位。如果大英帝國需要資助海外的戰爭或計畫，即使稅收狀況普遍低迷，政府財政又非常緊縮，仍然能夠籌措經費。而且，大英帝國在一九七〇年代衰落，不再是世界強權也失去了帝國的核心地位，恰恰就與英國失去其資本市場的重要性而必須向國際貨幣基金組織（International Monetary Fund，IMF）借款，是同一時間。

美國做為全球儲備貨幣的重要金融中心，對外可以做出（相對）可靠的承諾，若有需要，美國可以支付大筆預算赤字，你或許還記得雷根總統（Ronald Reagan）說，要在軍事方面「讓蘇聯花到一毛不剩」[33]，無論這項政策是好是壞，他仍然做到了，大多是靠借款。因為紐約市和國內其他地區的核心金融角色，美國的經濟獨立性高出其他國家許多，所以也就能享有更高的國際獨立性。美國政府知道自己國家的金融體系無須看外國的臉色，甚至還能發展出相互依存性，大部分都是與同盟的國家，包括加拿大、英國，以及德國。

在日前美國與俄羅斯的角力下，美國常用的威脅就是要切斷俄羅斯與國際銀行網絡的聯繫，尤其是SWIFT（Society for Worldwide Interbank Financial Telecommunication，環球銀行金融通信協會）電匯服務，比方說如果俄羅斯打算入侵，像是波羅的海某個北約同盟國，美國與同盟的國家可能就會這麼做。此舉對俄羅斯的打擊特別嚴重，因為這個國家並沒有自己發展完善、高品質的國際銀行與金融系統，而美國可以做出這樣的威脅，也能預見同盟國家會相當支持這個決定，正是因為美國在全球經濟與金融的核心角色。形成SWIFT骨幹的主要銀行通常都將美國視為重要客戶，或許甚至還直接受聯邦政府的法規限制。

你有時會聽人說，如今中國可以對美國頤指氣使，是因為中國挹注了美國一大部分的預算赤字，但其實並非如此。美國政府並沒有公開詳細的數據說明誰握有或購買了多少美國債務，但是常有人預估，認為中國現在握有的美國債務比日本還少。事實上在過去十年間，中國在美國的投資已經更多元發展，不再只有國庫證券，但是美國的利率一直都維持得相當低，部分也是因為還有很多其他買家，願意購買、投資世界上流通性最高的資產市場。照這樣說起來，中國其實對美國根本沒什麼影響力，而如果美國想要針對中國採取什麼動作或制裁，中國在國庫證券市場上的角色也不會是明顯的阻礙。[34]

再說一次，我的意思不是美國這份更大的自由和決定權，總是能用在更好的地方，並不是，我是說如果沒有了這份自由和決定權，整個世界會變得更糟糕，而其他國家其實也都明白這一點，只是他們不想老是把這件事掛在嘴邊，這是其他國家普遍對川普總統和他「美國優先」的決策方向，戒慎恐懼的一大原因，就算知道他有時只是信口開河。

長久以來，在美國負責制定政策的人一直都明白我在這裡概述的事情，雖然川普總統似乎不大同意。在第二次世界大戰即將結束之際，美國和英國開始非常認真思考新世界秩序這個問題。大家都清楚現在美國有了一件較為長久的任務，就是要保護世界上至少一部分地區不受迫害，而這需要一套國際經濟秩序做為輔助，將美國和美國金融放在全球經濟的中心，因此才有了布列敦森林（Bretton Woods）會議以及相關決議，打造出一個國際經濟框架，以美元做為核心的儲備貨幣，並讓國際貨幣基金組織和世界銀行（World Bank）做為多邊機構，來支持一整套自由貿易與貨幣秩序。後來又出現了關稅暨貿易總協定（General Agreement on Tariffs and Trade，GATT），爾後融入了世界貿易組織（World Trade Organization，WTO），而即使在一九七〇年代初，布列敦森林會議中決議的固定匯率崩潰後，這個世界依然以美元為核心的儲備貨幣，紐約市依然是第一名的銀行中心，今日只有倫敦可分庭抗禮，進展成同樣廣泛的英美軸心一部分，建立起自由開放的世界貿易秩序（必須說，現在因為脫歐之後，以及與川普相關的因素，而在邊緣出現了明顯磨損）。

這些經濟架構對於美國擔任世界警察的角色非常重要，並且對於傳播美國的軟實力及文化影響力也相當重要。事實上，美國若只是威脅著要攻擊或轟炸其他國家，並無法也確實不能做好什麼事，只是有時候仍會嘗試此舉。要進行有效的外交、建立聯盟，以及有益的全球社會變遷，基本上都要倚靠美國來傳播思想、提供經濟機會，並看守著世界貿易秩序及全球金融的入口。

很難說明這些外交政策的益處有多高的價值，但是這些決策形塑了整個世界，在我看來大多是往好的方向發展。這同樣也是我的主觀判斷，而且也不是我這本書的框架內就能解釋清楚的，不過若說我們所擁有的一切都要拜美國金融業所賜，那麼以整個世界做為代價再多許多倍也值得。

事實上，我們美國人從金融業中所得到的遠不止於全球影響力，我們擁有全世界最優良的創業投資市場，能夠成為全球科技中心，也因為住在世界上最大、最成功的對沖基金中，而獲得幾千億美元的利益，而且我們的經濟也因能更有效和更快速重新分配資本，而更加有活力。很快，金融科技或許還能為我們帶來更多好處，同樣地，我們是把低獲利資產轉變為更高獲利的資產。

當然，這些好處都不是免費的午餐，不過要說有什麼被低估了，那就是銀行和金融業為美國經濟做了多少事，以及為整個世界確實做了多少事。

美國銀行太大了嗎？

最後我想提一點，在這些好處當中，特別是紐約市一躍而成為金融首都，有一些都需要相當大型的銀行，至少這樣也才能在世界舞台上競爭。

雖說如此，在消費者眼中看來，卻未必認為我們所面對的是肆無忌憚的壟斷企業。例如美國擁有最多個人存款帳戶的銀行是美國銀行（Bank of America），市占率還不到百分之十一，又或者如果是以資產價值來比較，摩根大通銀行（JPMorgan Chase）是第一名，約占整體市場的百分之十四。這些例子完全說不上是壟斷市場的力量。要評估市場集中度，除了個人存款帳戶和資產價值之外，還有其他方法，不過美國整體說來仍有相當多銀行，無論是全國性的或是較為地方性及區域性市場皆有，就以我居住的華盛頓特區，也就是北維吉尼亞州區域來說，就能經常看見ＢＢ＆Ｔ銀行、第一資本銀行（Capital One）、太陽信託銀行（SunTrust）、ＰＮＣ銀行、美國銀行、富國銀行、花旗銀行（Citibank）、滙豐銀行（ＨＳＢＣ），還有其他等等銀行。[35]

如今對於銀行太大的恐懼，其實有著奇怪的歷史傳承。在一九二〇年代，大多數人都相信美國的銀行太大了，因此通過了數條法規來限制規模，尤其是限制跨州分行的設立，一九二七年通過的麥克法登法案（The McFadden Act），就讓美國銀行規模縮減不少，但是在進入大蕭條時期後，就有大量小型銀行倒閉，因為它們未能分散投資風險，所以一時間很難籌措資本以面對突然的損失。在加拿大，當時同樣出現嚴重的經濟蕭條，但是銀行業集中度高出許多，因此完全沒有銀行倒閉的情況。於是從一九二九年一直到一九九〇年代，眾人不斷提及的問題變成了美國的銀行都太小了、不夠集中（不過在戰後時期就放寬了跨州分行的限制），到了一九八〇年代，常聽見有人說，美國應該試著模仿德國及日本較為集中的「綜合銀行」制度（universal banking），這些國家的銀行在GDP中的占比就相對很大。

比較重要的一點是，「銀行太小」這句老掛在嘴邊的口號，到頭來就是對單一歷史事件的過度反應，而今日「銀行太大」這句話也處於類似的狀況，這是對單一事件的過度反應。大蕭條的經驗中顯示出擁有許多很小型的銀行，並不能保證不會發生可怕的結果，事實上還可能讓經濟更容易因系統性風險而崩潰。

如果今日的美國要拆散銀行，一個巨大的總體經濟風險就會像一個即將爆破的泡泡般，會影響到更多數的小型銀行，而不會是比較少數的大型銀行。這麼做不見得比較容易處理，其實還可能讓危機管理變得更困難，讓聯邦準備委員會（Federal Reserve System，Fed，聯準會）必須回應更多個別的危險時機點，這可以表示要談成更多協議、要讓更多銀行CEO能夠隨時候電、鼓勵並監督更多合併案、監管更多狀況，而且整體來說，可能還有更多減少不了的頭痛情況。一個充滿了芝麻般小銀行的世界，並無法解決能夠擊垮金融體系的系統性風險問題，一九三〇年代的大蕭條時期便已經說明了這點，因此如果你想找一個反派，大銀行並非適合的人選。

第八章

裙帶資本主義：大商業對美國政府的影響力有多大？

好吧，那麼商業跟政府的關係呢？大企業不是都控制著華盛頓（美國政府）的行動嗎？確實，政府給予企業眾多特權，其中有許多都是糟糕的政策，但是卻能存在多年，或許永遠不會撤銷，經濟學家路易吉・津加萊斯（Luigi Zingales）在他二〇一二年出版的著作《繁榮的真諦》（*A Capitalism for the People*）[1]，便拋出了這樣擲地有聲的主張。

基本上我反對所有裙帶資本主義的作為，但我也不太確定人們是否搞懂了事情的本質。商業確實有些實質的政治影響力，但是基本的觀念是，所謂大企業操控著華盛頓的一舉一動，這是我們當代的一大迷思。若是更進一步檢視，美國大多數政治決策其實都不受大企業影響，不過商界確實掌控著許多特定法律細則。從應享權益支出（entitlement spending）占了聯邦預算的很大一塊看來，表示投票的選民能夠推動政府預算的大部分決策。事實上，企業雖然和我們的聯邦政府保持關係，卻花費了愈來愈多時間與心力來盡量降低法律風險、破解複雜的聯邦法規，並努力避免因華盛頓或州政府、地方政府做出什麼不利的決策，而造成重大經濟損失。

以艾茵・蘭德的話來說，大企業實在算不上「美國遭受迫害的弱勢」。不過整體而言，反商業的情緒大行其道，仍然讓人過度誇大了商業的政治力量，大企業對美國政府的影響力通常都太受高估了。事實上我們並非生活在財閥治國的環境中，企業也不是總能如其所願。

例如多年來有許多評論者都指控，大企業控制了美國共和黨（Republican Party），但是即使共和黨提名了唐納・川普競選總統，截至二〇一六年九月底，《財富》雜誌排名前百大CEO中卻沒有一個捐助川普的競選活動，不過在二〇一二年，卻有大約三分之一支持米特・羅姆尼（Mitt Romney）[2]參選總統。為什麼川普會贏得提名？答案很明顯：因為支持他的選民夠多。

史蒂芬・皮爾斯坦（Steven Pearlstein）經常出言批評大企業，先前曾為《華盛頓郵報》（*Washington Post*）撰寫經濟專欄（目前則是我在喬治梅森大學的同事），他在二〇一六年秋天寫道：「確實，二〇一六年總統大選的一大諷刺就是，民粹主義者對於企業美國的反感達到了高峰，但是此時企業對政府政策的影響力卻反而是眾人記憶中最低的時刻。」還有前任奇異（GE）CEO傑佛瑞・伊梅特（Jeffrey Immelt）二〇一六年寫給股東的信中也提到：「企業與政府之間的關係緊張，我從未見過如此糟糕的狀況。」歐巴馬政府的白宮幕僚長威廉・戴利（William Daley）也曾表示：「老實說，我認為大企業已經沒那麼重要了。」[3]

我相信這些觀點是言過其實了，畢竟大企業和政府之間的關係，不免會受一些週期性出現的因素影響，或許這些評論者自己也會承認如此。例如在這些論點出現之後，川普政府的回應是，提出一套對企業十分有利的稅務政策，尤其有利於大型跨國企業，而企業界則報以熱烈支持。所以在我寫這一章的時候，美國的政策**在某些方面**特別照顧企業界，確實**有時候**也是這樣沒錯。如果等到你在讀這本書的時候，商業的影響力又高了起來，要記得我大部分的討論都是專注在最常見的事態。

即使在二〇一八年，大企業也很少主導什麼議題。美國的企業領導者經常提倡財務責任（fiscal responsibility）、自由貿易和健全的貿易協議、循規蹈矩的政府、多邊外交政策、更多移民，以及政府要有一定程度的政治正確性等等概念，而眼下這些概念的推行都相當困難。同樣，你可以預期會有些週期性的起起落落，但是這些因素而不斷造成的損失證明，大企業並未掌控一切。國內又重新燃起對於全國基礎建設的興趣，也能說明商業優先性在全國事務的討論中仍然存在，但這些建設可能、也可能不會進行，而且看起來似乎跟川普總統個人的偏好更為相關，而非仰賴強力的商業遊說。即使某項重大的基礎建設計畫真的過關了而成為政策，也要花上數十年才能讓討論開花結果。

川普雖然雄辯滔滔說著要支持商業，卻讓人難以預料他什麼時候會突然傾向商業，而他大多數時間的語氣、態度及策略都是反商業的。正如先前所提，商人喜歡政府能夠依例而行，但川普卻完全不是這麼回事，就在他獲選後，包括開利空調、福特汽車到波音公司等等各家企業，都成為他在推特攻擊的目標，一部分是因為它們的外包行為。川普攻擊波音，是因為他自己的總統座機空軍一號所費不貲，也不斷在推特上抨擊傑夫・貝佐斯和亞馬遜，同時川普還發起了一系列貿易戰，針對美國貿易協定上的措辭而開戰，忽略了健康照護改革的細節，質疑起美國許多重要盟國的作為，還稱媒體（這當然也是大企業）是「人民公敵」。

企業通常是支持移民的，一來是因為能帶來更多客戶，二來也能增加可用的勞動力，而川普才剛上任不久就塑造出鮮明的形象，他不僅反對非法移民，也反對合法移民。另外，川普似乎也完全不清楚經商與政治之間該遵守的分際，他就是終極的裙帶資本家，利用自己的職位為他的川普旅館及渡假村提升知名度、招攬生意。這麼做或許有利於他的財務盈虧，但是美國商業社群中大多數都感到很不自在，認為不應該這樣混淆職務，還可能違反了美國憲法的薪酬條款（emoluments clause）。

有川普在，新聞冒得又快又急，等你讀到這段討論，可能已經過時了，未來還會發生太多事情，或許在我寫完這段的下個星期就有了變化。但是事態不斷變化並不符合商業界普遍也大致合理的偏好，那就是循規蹈矩及政治穩定。川普在某些關鍵面向上會偏好裙帶關係的商業，但是很難不讓人懷疑，就算他這一輩子都在從商，卻其實不懂得商業如何運作。

再多談談政府中的商業影響力歷史

今日的美國確實有許多裙帶資本主義，例如進出口銀行（Export-Import Bank）便以保證貸款或低利貸款等形式，來補助美國的出口業，目前美國最大的受益者是波音公司，而最大的外國受益者則是大型、有時是國營公司，像是墨西哥政府的國營石油公司墨西哥石油公司

（Pemex）。小型企業管理局（Small Business Administration）則會補助小型企業新創公司、國防伙食承包到企業利潤的採購循環，以及糖業與乳品業者的遊說，還會吸引高額補助和價格保護政策，大多是由一般美國消費者買單，包括低收入的消費者在內。關於這些例子，你還可以加上價格過高的國防合約、進入裝設家庭有線電視市場的法律門檻，還有州政府與地方政府為承包商的合約鋪好了路等等，還有許多、許多其他例子可說。

當然其中的危險在於，企業間為了爭取客戶的競爭，就會轉而追求政治影響力，有幾千個案例說的都是，公司為了關稅、價格補貼、補助，以及對其競爭對手的限制等進行遊說，一切當然都是為了自己的私心和利潤。一旦這樣的遊說成功了，資本主義的目標就會變成迎合當權者，並且引導政府的強制力站在某一方，而不是為了降低成本、降低價格、改善品質、服務消費者。

這段時間以來因為有川普總統，裙帶資本主義的足跡看來特別明顯，就像我提過的，他就是最身體力行實踐此道的人。川普一生都在經商，而在初選期間也吹噓著自己如何買通政客，以得到好處與特殊待遇，他最主要的生意在房地產和賭場，通常都需要取得各級政府的許可才能建造然後解禁，像是公寓、商業辦公室，或者能夠進行拳擊賽或博弈的新場所。顯然這其中必定會有腐敗和影響力的運作，而商業就是受益者。同時還有眾多指控，稱川普和他的事業違反了海外反貪汙行為法（Foreign Corrupt Practices Act），也就是說，他們可能賄賂了外國政府，才能將事業擴展至全球版圖。[4]

雖說如此，數據其實並無法證明，大企業是控制美國施政方向的主要推力這個觀點，例如企業每年大約花費三十億美元遊說聯邦政府，聽起來似乎是很大筆錢，但是比起它們每年在廣告上花費二千億美元左右，就只是小數目。更具體來解釋這三十億美元，大概等同於通用汽車一年花在廣告上的費用，寶僑的花費更高，一年會花四十九億美元做廣告。有一位曾經擔任政府官員的主管是這麼說的：「這些人是這麼想的，我是該去華盛頓浪費時間呢？還是要去中國，跟真正能幫上忙的人談談呢？」[5]

如果企業對聯邦政策有這麼了不起的影響力，為什麼只花三、四十億美元在遊說上？它們大可以多多投資以求更積極的作為，盤算著如何分配更多、更多的政府款項。是啊，企業其實沒有那麼大的控制力。

二〇一〇年最高法院針對聯合公民訴聯邦選舉委員會案（Citizens United v. Federal Election Commission，以下簡稱聯合公民案）[6]，便加深了人們的印象，認為企業在美國政治界能呼風喚雨，畢竟一家公司無論是營利或非營利組織，如今都可以花錢資助選舉，以及「競選通訊」，而不受太多限制。聽起來大企業似乎已經掌控了美國政治，也不再有哪條法律可以阻止。事實上，聯合公民案正是大企業已經**失去**了政府影響力的一個原因，現在個人也可以花幾十億美元，來努力推動自己的知識及意識形態議題，雖然這些個人大多數都是商人，也透過商業賺錢，要捐到這個數目的款項，只有那些意識形態立場非常強烈的商人才會願意去做，實在沒必要花這麼多錢去推動狹隘的商業利益，而且大企業透過企業本身正當花在政治上的費用，確實也從來比不上個人如今花費的金額。無論你對聯合公民案的判決結果是怎麼想的，似乎都預示了一個新時代的來臨，如今意識形態的影響力逐漸提升，主流商業的角色和影響力正不斷消退。

可以說商業透過遊說所得到的影響力會大過資助選舉，不過就算是在這個部分，數目也沒有大多數人所想像的那麼嚇人。截至二〇〇七年（我找不到更近期的確切數字），在華盛頓特區進行最多商業遊說的是，藍十字藍盾保險公司（Blue Cross Blue Shield，有五十六位專職的說客，加上三十名與遊說公司有關的員工）、洛克希德馬汀航太製造公司（Lockheed Martin，31＋53），以及威訊通訊（21＋58），而這些公司確實從聯邦政府身上得到了許多好處，或者有時單純是容忍它們的作為。而如果從花費的金額來看，進行遊說最主要的公司是奇異、奧馳亞菸草（Altria）、AT&T，以及埃克森美孚石油。但是整體說來，說客並無法主導一切，大型公司在華盛頓特區平均只有三．四名說客，中型公司則只有一．四二名，對於重要的大公司來說，平均是十三．九名，而大多數公司一年在遊說上花不到二十五萬美元。而且還有一份系統性研究指出，商業遊說並不會提升有利的法律為了該公司而通過的機會，這些公司也不會拿到更多政府合約，捐助政治行動委員會（political action committee，

PAC）也沒什麼效果。[7]

如果要找個壞人，或許最好注意企業偶爾也能幫助人手不足的立法委員，評估並起草法案，但還是一樣，國家政策的方針不是完全都能讓企業（尤其是大企業）滿意。

看看聯邦預算的主要重點，二項最大的計畫是社會安全及醫療保險，二者都非常受到美國大眾的支持，而且因為老年人的投票率高到不成比例，政客通常會爭相捍衛並延伸這些計畫。當然，醫院和醫生進行的遊說是醫療保險成本如此高昂的一大原因，例如醫療保險便禁止透過協商而降低處方藥的價格，而醫院也迫使政府制定聯邦政策，為美國的醫療照護規畫出高成本的模型。這是企業對聯邦預算一股最大的影響力，但是相當程度上是由選民的意向來推動（我稍後會討論醫療補助）。

聯邦預算中占比排名接下來是國防花費及國債的利息。國防承包商會在採購流程中施加影響，進而膨脹了國防花費，不過軍隊所產生的許多成本都花在勞力和退休金上，而非資本支出。而且，就算武器系統所費不貲，國防花費還是很有政治吸引力，很少會有政客做出極端之舉，以反對國防花費做為主要訴求。最後，國債利息則完全跟企業沒有關係。

農業補貼則是，政府政策幾乎完全由企業特殊利益團體推動的一個最清楚、最誇張的例子，但即使是這些補貼，一年也「只有」約二百億美元（依市場條件而有不同），而聯邦總預算則是超過四．四兆美元。企業發揮了強大影響力的另一政策領域，則是智慧財產權法律，例如在國際貿易條約的協商中，美國政府總會堅持要嚴格執行保護專利權及版權，那是因為美國出口了太多智慧財產權，而那些出口公司都能影響條約協商的過程，並不是因為選民要求嚴格的智財法。不過還是有一些來自選民的間接影響，因為智財法的執行不力，可能會讓出口智財的產業流失許多工作機會，進而傷害選民，因此即使是企業看似掌控全局的時候，背景裡常常都還是有選民的間接影響。

或者可以檢視州政府的預算。你或許認為州政府比較容易被牽著鼻子走，畢竟比較不受注意、財政較不穩妥，因此更有可能聽企業的話辦事。但是在州政府仍然是以選民的願望來規畫大多數預算，州政府預算最主要的類別通常是幼兒園至中學階段的教育（K-12 education）、監獄、道路與基礎建設、醫療補助，以及高等教育。K-12 費用很受選民支持，而這並非主要由企業推動的項目。監獄會有與產業結合的問題，或許會導致太多私人監獄出現，不過監獄開支的增加，主要也是因為自一九八〇年代起，選民便要求更加嚴格執行打擊犯罪的政策。當然，道路和基礎建設費用確實是因商業需求而提升，不過若真要說起來，這段日子以來這些政策也備受冷落，實在看不出來商業有什麼主導權。大眾支持高等教育，也跟企業的想望沒什麼直接關連，不過有許多企業都很樂意與公立大學有所連結，例如密西根大學（University of Michigan），以及加州大學柏克萊分校（University of California, Berkeley），但是這仍然主要是與選民的願望有關，而且此類別的開支一直在下降，大多是因為這並非選民的絕對優先。

州政府預算清單中最受爭議的開支便是醫療補助，而在紅色州（傾向共和黨）更是如此。我在這部分確實觀察到，所謂醫療產業鏈，在推動更高醫療補助費用上扮演了重要角色，無論在州政府或該計畫的聯邦預算部分皆然。醫療補助不如醫療保險受到歡迎，是因為其官方目標是要服務窮人而非長者（顯然這二者總會有些重疊），所以需要醫療體系多出一些力氣來推動。無論你贊不贊成提升醫療補助花費的想法，以這個例子來說，醫療體系確實有助於實現進步左派的優先要務。無論如何，雖非全部但大多數州政府預算都是以選民想要什麼，而不是以企業想要的來決定。我從川普執政的早期來看，至少到目前為止都是選民，包括共和黨的選民，決定想要保留醫療補助擴大計畫，而這是歐巴馬健保中很大一部分。

或者以管制機制來說，你可以說出幾千、幾百則故事，描述企業為了自己的利益操控法律、規避法律、說服監督者不要執行明定的法規等等。但是商人幾乎仍對法規的現況多有不滿，他們大部分都覺得政府的法令管束太嚴格了，而且也的確有許多獨立證據顯示，不管總結起來你喜不喜歡這些法規，確實都讓美國企業要付出相當高的成本，不只是遵守法規要付出的直接成本，更讓CEO必須耗費大量心力，經常都能找到數據估算法規加諸企業的負擔，一年就要耗費幾兆美元的直接企業成本，而其中有些（我們不知道有多少）最終就會轉嫁到消費者身上。我想我們還未完全了解這些法規成本，但我也實在不認為企業能夠在法規這領域予取予求，而且我相信這些法規成本確實相當高。儘管川普執政以來不斷提出法規鬆綁的提案，但還是有極大多數的法規存在，短時間內不會就此解除。[8]

有錢人真的掌管一切嗎？

普林斯頓大學（Princeton University）教授馬丁・吉倫斯（Martin Gilens），以及西北大學（Northwestern University）教授班傑明・佩奇（Benjamin Page）曾共同進行研究，從這項研究中衍生出一句常見的論點，認為富裕的菁英階級主導了美國的政策，而選民沒什麼影響力；但是這個觀點大多站不住腳。

吉倫斯和佩奇的研究核心方法是利用一套資料庫，其中收錄了一千七百七十九項政策議題，然後顯示出實際的政策結果更貼近於菁英階層的意見，而非典型或中間選民。聽起來很好，但是有許多學者推翻了吉倫斯與佩奇的研究發現，而我覺得這些反駁論點非常有說服力。首先，分屬富裕和中產階級的美國人，在資料庫所有法條中意見一致的比例有百分之八十九・六，因此如果說富人擁有主導權，他們的觀點與中產階級的觀點也沒有太多不同，而且在其他富裕及中產階級意見不同的法條中，同意程度的差距大多也很小，平均說來是十・九點，大概就是如果有百分之四十三的中產階級支持某一法案，支持的富人相對卻有百分之五十三・九，這樣也說不上有意見分歧。而對於富人及中產階級確實有明顯意見不同的法案，富人有百分之五十三的機會得償所願，而中產階級則有百分之四十七的機會勝利，當然，富人稍稍占一點優勢，但是中產階級也不算全盤皆輸。最後，確實由富人意見獲勝的時候，這些勝利大多可以貼上「保守派」的標籤，但也只比能夠貼上「自由派」標籤的勝利多出一點點。總結來說，證據顯示，中產階級在國會議員的投票表決中至少已經算是相當有機會得到他們想要的（而且當然要記得，中產階級想要的不見得就是你可能認為是對的事）。[9]

我們從資料中確實知道一件事，那就是窮人經常無法得到自己想要的，至少如果窮人想要的東西是中產階級和富人不想要的，就得不到。如果只有窮人支持某項法案，通過的機率只有百分之十八・六。好，這可能是美國民主一個很嚴重的問題，但是回頭去談原本的問題，這並不表示聯邦政府是由富人掌控，真要說的話，也是顯示出中產階級和富人並不是很在乎窮人的想望。

現狀偏差（status quo bias）也形塑了政府的諸多作為或無所作為。如果檯面上有一份法條提案，可以預期修改的機率幾乎不會高過百分之〇・五，也可說是二百份中只有一次機會。當然，這樣的僵局可能是因為企業的反對，不過這個數字也指出一個更簡單的解釋，也就是維持現況的背後可能有各種不同原因，包括了政治及意識形態上的僵局，而這樣的僵局表示企業的力量沒那麼大，無法推翻美國政治的基礎法律，並持續改寫出對自己有利的規則。更平凡無奇的真相是，幾乎所有政黨團體都發現，要在華盛頓特區推動真正的改變十分困難，這比較是因為要互相制衡、整套體系的複雜性，以及缺乏選民深入細節的參與，而不是企業的陰謀。如果企業真正掌控一切，政治就不會如此了無活力。[10]

最後要記得，企業對政府的影響力並不是絕對不好，討論到大公司據信會遊說哪些重要議題上，名列前茅的包括稅務、貿易、移民和版權，符合前述的討論。在我看來，在貿易及移民議題上，遊說可以說是有益的，但是對於版權可能就沒那麼好，而稅務議題則有好有壞。企業說客通常會想要一套稅率更低、更簡單的稅務系統，他們大致上都偏好貿易協定及更自由的貿易（這也是一個加分，尤其對發展中國家的出口業者更是如此）。小公司更有可能會為了特殊專款及政府合約而進行遊說，不過即使這些合約中有許多都是必要的，可能也是浪費或尋租的跡象。[11]

企業的本質就是會製造特權與國家壟斷嗎？

有些評論者認為，有限責任企業（limited liability corporation）的存在本身就是一種道德淪喪，並且證明了企業是政府的造物。畢竟，有限責任就是由法律明定，若是控告企業股東，不能求償超過他們投資在公司的股權價值金額。乍看之下，有限責任似乎是一種有法律做後盾的策略，可讓個人逃避自己躲在企業帷幕後所進行各種活動的後果，湯瑪斯・傑佛遜（Thomas Jefferson）自己就曾質疑有限責任企業的形式。[12]

儘管如此，這樣的批評並站不住腳。有限責任的形式能夠堅持下來，而且主導（大部分）市場，是因為很有效率，而不是因為法律。例如一家企業是以雙倍賠償責任（double liability）的基礎來營運，這在目前並不違法，而且是可能的合約形式，想想要怎麼激勵投資？人們就只是覺得這並不是做生意的實用形式。在雙重賠償責任的規則下，如果股東投資了一百萬美元的股權，那麼就可能要負責二百萬美元的潛在賠償，所以如果企業破產了，司法體系實際上就可以從股東的銀行帳戶中取得金錢，並提出更多錢交給債權人或者責任訴訟的原告。

時間一久，我們可以預期，有錢人不大會擁有以雙倍（或者更廣義來說，多重）賠償責任為基礎的公司，或是準股東可能會設立資本薄弱的空殼公司，來擁有股權，同樣是為了保護在初始公司以外所握有的大多數財產。如果這些選擇透過某些方法遭到禁止或限制，最後的結果就會是投資人無法輕易分散風險，而他們會發現很難控管許多不同投資的償付能力，或者也很難監管在各種不同投資項目其他股東的償付能力。其實這個分散風險的論點有助於解釋，為什麼無限責任的合夥形式在某些特定例子中可行，其中的規範總是不可分散的風險，就像法律合夥人一樣。如果你大多數的財富反正都是投資在法律合夥關係中，而合夥人的數量相對少，無限責任至少還有一些可行的機會。

無論如何，無限責任最有可能的結果就是極度無效率的所有權架構。通常一家公司最好的擁有者就是，跟這家公司有直接利害關係的人、在業界擁有豐富經驗、除了公司以外還握有相當程度的財富，以及希望能夠在眾多投資中多元化發展。若有無限責任，可能會讓這些個人不大願意參與公司事務，如此便不利於管理品質，而且讓大多數企業領導者落入奇怪而不穩定的財務狀況，結果造成的風險可能會讓企業停滯不前，處在防衛而非創新的姿態。同樣地，或許這些有錢的老闆，會找到保護資產不受雙倍賠償責任影響的方法，例如將資產過戶給家人、基金會或其他空殼公司，若是如此，雙倍賠償責任就算能帶來利益，也所剩無幾。[13]

換句話說，雙倍或者其他形式的多重或無限責任，都沒有效率，而且廣義說來，對社會正義也沒有貢獻，已經有人嘗試過這些形式，而大多時間市場會朝向低成本的結構演化，通常都牽涉到典型概念的有限責任。[14]

美國的歷史確實顯示出，企業也嘗試過各種有限責任法律的變異形式，但是每一次經濟壓力，總會讓各州創造或回頭採用有限責任的架構。例如一八三〇年之前，麻薩諸塞州都實行共同責任制，這表示任一股東都可能遭到求償，要負擔公司的所有債務。新罕布夏州、密西根州、威斯康辛州，以及賓夕法尼亞州都試驗過有限責任法的變異形式，但很快又回頭，這些改變的一大原因是，州政府無法自行挹注基礎建設所需的資金，而不致破產。有限責任形式的一大突破於一八一一至一八二八年出現在紐約州，透過一連串立法和司法決策而放鬆了創造有限責任投資的機會。加州一直到一九三一年才有有限責任法，不過加州開始想尋求發展時，就必須要立這樣的法。在這所有案例中，問題在於企業覺得要做生意的成本太高了，而寧可轉移到其他州去。等到美國在十九世紀下半葉，開始進行大規模的工業化時，有限責任形式便隨之興起，而且幾乎所到之處都能證明其價值。近來有限責任企業帶進了美國大約百分之九十的收益，而有限責任法規的某種形式，也差不多傳進了每個富裕的已開發國家。[15]

跨國企業統治了全世界嗎？

最後，雖然這本書的焦點放在美國，我想要簡短反駁另一個（很不幸）常見的指控，那就是跨國企業統治了全世界。事實上，隨著更富裕的國家變得更加富裕、更民主化，跨國企業也演變成相對脆弱的利益團體，在多數駐外地點中，只能得到有限的母國支援。優步、臉書和谷歌都離開了中國，歐盟也正針對美國的科技公司發起監控戰，印度將沃爾瑪超市限縮在零售層級，另外還有眾多正在崛起的經濟體，伸展著自己的監管肌肉，將美國及其他西方的跨國企業，降級到自家經濟體中比較低階的地位，是好是壞就不得而知。真要說起來，我們看到的是國家主義的復甦、對重商主義的敏感、國家建立起外來者進入國內市場的門檻、國營事業擁有基本上來自國內的權力基礎，以及全球化的部分削弱。這些發展既是原因，也是症狀，造成跨國企業失去了一些影響力與政治力量；但是，這些發展的出現也表示跨國企業從來就沒有統治過世界。

有許多特殊案例都能說明，跨國企業運用了太多錯誤的外國影響力，例如就以石油公司干預了非洲國家政治來說，它們進行賄賂以確保開採特許權，而只要腐敗的政權對自己的公司有利，就睜一隻眼閉一隻眼。另一個例子是外國公司討好、優待或甚至是賄賂（可不只是間接為之）外國政客，這樣它們才能繼續汙染環境。但是這些案例並不表示，跨國企業統治全世界，雖然有這些貪腐的案例，還有許多案例中的跨國企業發現，要在國外的環境中營運太過困難或負擔太重，正是因為情況的大致發展與安排對企業不利。比方說，如果檢視海地（Haiti）的歷史，大部分美國的跨國企業都在不久前離開了，其中的問題包括電力供應不佳、道路狀況不佳、港務腐敗、糟糕的司法系統，還有高犯罪率。海地算不上強盛的國家，但跨國企業也無法成功統治海地。

總括來說，你可以把世界上許多較貧窮的國家（還有某些富裕的），想成是治理很差勁的國家，那會讓許多政策太過優惠外國企業，同時也會造成許多政策無法創造對商業夠友善的環境，包括外國企業。比起主張跨國企業統治了世界上較貧窮的國家，這樣的模式要好多了，不過你當然還是可以找到許多濫用權力的惡劣事蹟。整體而言，美國企業寧可投資加拿大，而不會選擇不丹（Bhutan）或喀麥隆（Cameroon），這比任何傳聞故事都是更有說服力的事實。

如今你了解了這一切，我們接下來要討論，為什麼我們如此不信任商業？尤其是大企業。

第九章

如果商業這麼好，為什麼這麼惹人厭？

好，那麼現在我們就要來討論，算是最終極的問題了，如果商業為美國帶來這麼多好處、如果有這麼多針對商業的批評是言過其實、如果商業並不比經營商業的普通人還要腐敗，為什麼商業常常就是這麼不受歡迎呢？我認為答案相當深植於人性本質當中：我們忍不住要用許多評斷人類的標準去評斷商業。我想要說明為什麼我們經常會把商業想成是人、這麼做如何扭曲了我們的判斷、商業如何鼓勵也確實需要我們這樣的回應，以及最後是流行文化和娛樂如何鞏固了這種邏輯。

如果回頭想想二〇一二年美國總統大選季節，米特．羅姆尼（Mitt Romney）犯下最大的一個錯誤，就是告訴群眾：「企業也是人啊，朋友。」跟川普總統最近的發言比起來，這似乎只是小小失言，但在當時卻掀起一陣熱議，就好像人類與非人類被看成了完全一樣的東西，顯然表示**某人**的道德羅盤完全偏離了，而且這名共和黨候選人彷彿是鐵石心腸，被自己優渥的生活蒙蔽了雙眼，完全看不清人性。

當然如果放在適當的情境下，羅姆尼的論點完全合理，而且實在太常遭人忽略。當時在討論的議題是稅務改革及針對企業的徵稅，羅姆尼只是想說任何對企業加徵的稅，遲早在某個程度上都要由真正的人類來付，他並不是要說，例如貝恩資本（Bain Capital）和他寶貝的孫兒們之間沒有分別。而接下來的對話是像這樣的：一個情緒激動的人回應：「不是，他們不是！」羅姆尼又回答：「他們當然是，企業所賺取的一切最終都會交給人類，不然你以為錢去哪兒了？」[1]

羅姆尼是對的，但是對於他這個錯誤而引來的憤怒指控，有趣的是：幾乎我們所有人在某個程度上都會把企業當成人類，而且**批評企業的人更是最容易犯這樣的錯**。

在智識層面上，我們都明白智人與有限責任企業之間的差異，不會把自己親愛的孫兒跟孟山都化工公司（Monsanto）搞混了；可是若說到我們處理企業資訊的幾個確切類別，通常都會把企業當成人一樣，對之有讚賞、也有指責，而且也可以像（有時）對待人類一樣，對之忠誠。這也是我們能夠立即就下結論說，企業控制了政治的部分原因，我們也會感覺到企業背叛或拋棄了我們，就像對人類會產生的情感一樣。無論是好是壞，我們直覺上會把自己對人類的想法和感受中至少某些部分，轉移到企業身上，我們在大腦中把企業轉變為人，在心底也是一樣。換句話說，我們將企業**擬人化**了，將人類的特性套用在企業上，把它們本身就當成是活生生、有感知的人物，應當要承受我們面對人類時，會感受到、投射的相同道德情感。

二〇一六年，提供保險與金融服務的大都會人壽保險公司（MetLife）終於停止使用《花生》（*Peanuts*）四格漫畫的角色史努比（Snoopy）來代言，但是這家公司長久以史努比的形象包裝，正反映出各家公司如何努力將自己轉變成人，或者以這家公司來說，是一隻可愛的狗。史努比可以說是這個四格漫畫連載的核心角色，一開始的主角是史努比的主人，叫做查理・布朗（Charlie Brown）的小男孩。大眾都將史努比看做是一隻可愛、懂哲理、仁慈、有型且相當獨立的小狗，看來毫不起眼卻又高深莫測，讓許多觀眾回憶起自己的童年、想起寵物一生都陪伴著你，而且還有點映照出你所表達出的感性。[2]

大都會壽險在平面和電視廣告中使用史努比的形象，已經三十年了，而且在公開場合中也把史努比放在廣告飛船的側邊，這家公司稱自己在一九八五年使用史努比為形象代言，好看起來「更友善、更容易親近，而不會像當時的保險公司總讓人覺得冷冰冰的、有距離感」。

那為什麼大都會壽險捨棄了史努比形象？這個嘛，從形象代言來說，牠已經不是那麼現代了。公司的新設計使用藍色及綠色，來塑造所謂的「M夥伴」，然後用各種不同的次要顏色，來代表公司客戶的多元性。史努比的形象變得太過傳統，無法讓顧客及客戶認同公司真正的樣貌，而大都會壽險的新口號也努力想讓公司變得更加人性化：「大都會人壽保險：一同探索人生。」舊口號如今就感覺有些距離、嚴苛：「找大都會，必付保單。」

大都會壽險訪談數千名顧客，結論是史努比的形象並無法完整表現出領袖氣質、責任感，以及對現代生活忙碌本質的認同，而且史努比也無法讓顧客聯想到保險。再說，目前全世界有超過一千個不同品牌，都想方設法在行銷中使用了《花生》漫畫的角色，大都會壽險以史努比代言，感覺就沒那麼特別了。

《紐約時報》刊登了一則精彩的文章，由克莉絲汀・豪瑟（Christine Hauser）以及薩普娜・馬赫代瓦里（Sapna Maheshwari）報導大都會壽險捨棄史努比的故事，大都會壽險的全球行銷長愛絲特・李（Esther Lee）總結了大致上的問題：「近來人們認為企業更容易親近了，李女士這麼說，而且顧客不再覺得企業很可怕，她又補充道：『有太多公司實際上是跟顧客一對一接觸，在推特上來回對談。』」也就是說，公司一直都愈來愈擅長誘使我們覺得牠們像人一樣，因此大都會壽險不需要一隻小獵犬來創造出友善的形象。[3]

人性的一個關鍵問題就是，人類已經演化出一種去理解周遭環境的習性，而環境中有許多主要問題都是因個人的行為而起。我們最大的助益者，還有我們最大的威脅，都是一小群、一小群其他人，他們會懷著刻意而確切的意圖，想要幫助或傷害我們。我們演化成了一群群地位意識強烈的靈長類，對我們來說，建立適當的社會同盟就是繁衍興盛的關鍵，因此對我們的福祉至關重要。所以無論好壞，我們的思考模式已經定型，會考慮各小群社交結盟的人將對我們做什麼、對我們有何意圖，我們比較不擅長去思考抽象的系統、規則的意義，以及這些規則所帶來的其二、其三後果，會怎麼默默改善（或傷害）人類福祉。

換句話說，人們即使是面對不適當的對象也容易將之擬人化，因此我們會傾向認為企業的行為就如人類一般，也傾向用評斷人類的同樣標準去評斷企業，無論我們是不是想要有意識這樣去做。在某個程度上，我們一定會這樣討論，但也需要知道這麼做可能誤導我們，而這樣的評斷就像速記一樣不夠精確，如果我們太認真看待這樣的比擬，或任其大肆牽動我們的情緒，就會充滿陷阱與風險。大多數人就是很難單純看待企業，總是會投注人類的人性特質，或至少是我們演化中，最在意的那些社交同盟與敵人團體。

仔細想想，這種將企業擬人化的概念，從演化的觀點來說，一點也不讓人意外，人類並沒有演化出應付企業的特定模組，卻有幾千、幾萬年應付其他生物的經驗。我們這個種族剛開始發展的歷史中，人類大多數時間都在應付其他單一個人，應付家族、聚落，以及部落，當然還有應付非人類的動物，企業尚未存在，或者甚至根本還沒人想到這個概念，從過去到現在，人類心智中最重要的還是思量個人或小群體的意圖。人類經常會想像天氣或其他大自然的力量中，隱身著擬人化的神靈和意圖，這點也反映在許多早期（還有一些後來的）宗教上，否則「大地之母」(Mother Nature）一詞是怎麼來的？這跟我們立即就能在月球表面上看到人臉，是差不多的。在談到我們的車、船和寵物時，我們總會取名字，說它們有多忠心，而若是它們的表現不如所望，就會感覺遭到捨棄或失望。

或者以古希臘神話為例，其中以蓋婭女神（Gaia）來代表土地，她生出了自己的丈夫，也就是代表天空的烏拉諾斯（Uranus）。幾乎每個主要的自然面向都能回溯到某個神祇或女神，擁有相當強烈而真實的人類個性，有喜怒哀樂，通常到了相當誇張的程度。我們仍然會給颶風及熱帶風暴冠上人類的名字，也常常用人的名字來命名船隻。我們會擬人化許多物品，不只是為了讓這些東西看起來更栩栩如生，更是因為人類是我們用來組織世界的傳統類別。而在西方世界一個最具影響力的宗教，當然就是基督教，其教義的根據便是，上帝透過耶穌基督而表現人性，聖母瑪利亞也是一個相當重要的神聖象徵。

人類的擬人化傾向或許在孩童身上是最強烈的，而且不意外的是，為孩童製作的卡通，也經常將無生命的物體，轉變成會思考、會呼吸、有感覺、會說話的生物。人類學家史都華・古斯里（Stewart Guthrie）在他的擬人論研究中，是這樣說的：「兒童發展心理學家皮亞傑（Jean Piaget）發現，年紀最小的孩子基本上不管看到了什麼，都會立即看成是活的、有感知的，是人類為了人類的目的而製造出來的……他們的世界由『活物的社會』組成，由人類製造，也在其中穩居首位。」[4]

因此在現代商業企業出現之時（大多是在工業革命之後），顯然擁有非凡的能力可以改變世界，當然也就讓許多人將這些企業當成某種人類形象。做為旁觀者，我們擬人化的本能是在面對改變、或無法解釋、或可能威脅的自然反應。我們能夠在討論刻意計畫與意圖的言談中感到安心，而人們很難理解，代表了現代世界那種相對非人性化的市場秩序，也是因為如此。人們常常會尋找其中的計畫或陰謀，而不是努力理解有些晦澀的概念，也就是曾獲得諾貝爾經濟學獎的弗里德里希・海耶克（Friedrich A. Hayek）所描述的，事情的結果是人類行動所導致，並非人為設計。[5]

對陰謀論有興趣，也反映出人類會將公眾事件與非人類力量擬人化的傾向，很難讓大眾相信，刺殺案件有時只是某個不知哪裡來的瘋子犯案，而美國政府也很難說服其他國家的人民，每場政變背後不是都有中情局的支持，又或者美國真的沒有把伊拉克的石油全部運走。每當發生了重大事件，許多觀察者就會想要尋找、怪罪某種刻意的計畫，背後是某一群身分鮮明、可能無所不能的大壞蛋。而這不只是資訊不足或教育程度不足的問題，即使受過良好教育，也不能讓人免受陰謀論思考的影響，事實上有許多教育還可能促成了陰謀論的形成。一個人知道關於這個世界的真相愈多，就愈容易能編造出看似可信的陰謀故事，同樣地，教育程度較高的人不一定就對企業抱持著比較正確的態度，而是更能夠捏造出可信的故事，指控企業違反了各種道德標準、毀壞經濟，或者策畫著要榨乾我們；又或者正好相反，或許他們會把企業想得太崇高了。這些理論，尤其是負面的，會因為我們從真實生活的經驗中產生對欺騙的恐懼，而更加可信，也讓更大範圍的指控顯得有理。

或許有一部分是因為我們不能沒有商業，很多人討厭或憎惡商業，也喜歡批評、嘲笑、貶低其地位，商業就是**讓人受不了**。我跟我一個同事布萊恩．卡普蘭（Bryan Caplan），解釋了這本書的寫作前提後，他尖聲對我說：「可是，可是……怎麼會有人不感激企業呢？企業給了我們**一切**！企業為了我們**什麼都做**！」當然他是開玩笑的，因為他非常了解人們經常對企業有諸多批評，而他們的批評正是因為企業為我們做了太多，也對我們做了太多。

我同事突然的情緒激昂是不是讓你想起什麼？對啊，他立即就這樣說：「討厭企業就像討厭自己的父母一樣。」

嗯，你父母也一樣（通常）為你做了許多、許多事；但是，尤其是在美國，有大多數的人都不滿意這樣的結果，或至少是一部分的結果。雖然他們滿心感謝，卻很討厭父母對自己所做的事。面對父母，我們一直要等到年紀大一點了，才能有所選擇。不過如果面對企業，我們大部分人卻將生活中更多、更多的部分，交給了外來的、自主的、自私的企業代理人；只有我們的願望符合他們的目的時，這些代理人才會認真考慮。聽起來很糟糕，但其實大多數人都逐漸更加傾向與企業交集的地方，他們喜愛其中的創造力、喜愛其常態性、喜愛能夠有所成就的機會，他們也喜愛企業的產品，能夠讓他們逃離生活中太多其他的瘋狂，稍稍能喘一口氣。

我們的幻想，企業也推了一把

這整段討論中有一個關鍵：企業鼓勵我們把它們當成人類，而這是企業最有力的一項操弄工具，能夠提升忠誠度與同情心。就像大都會壽險以史努比代言，企業也會把自己當成我們的朋友，以培養品牌忠誠度：「全州保險（Allstate）好好照顧你。」

企業會在電視上播放廣告，廣告中有慈愛的父親、快樂的家庭、溫柔的母親，還有看似跨種族結合的伴侶或配偶，這樣的設計希望能吸引所有人，而不要冒犯任何人。這樣的廣告中，小孩看起來應該都會有光明燦爛的未來，至少只要你買了當中指名的產品就可以。谷歌為了要銷售安卓系統的手機，播放了一支廣告，名為「永遠的毛朋友」，而影片中所提到的朋友都是可愛的動物，廣告在社群媒體上分享了幾百萬次，二〇一五年《廣告週刊》（*AdWeek*）將之選為年度爆紅廣告。即使某支廣告本身並沒有表現出忠誠或友誼，通常目標也是希望讓觀看者看完廣告，能感到溫暖、專注、關懷，以及與他人的深深羈絆，當然也包括與廣告中的產品或企業相連。

企業希望你把它們當成自己的朋友，那麼就來看看幾個確切的例子，看它們如何嘗試這麼做。

為什麼企業在社群媒體上這麼活躍？一部分是因為臉書及推特能夠有效將訊息傳播給更多人，也能進行目標式廣告（targeted advertising），不過企業會使用這些服務，也是因為你的朋友會用，有許多臉書用戶藉著臉書，與朋友建立連結並保持聯絡，因此如果你在臉書上看到某個商業帳號，某個程度上，可能會將那家公司歸類在跟自己朋友同樣一個類別，這樣的關聯能夠產生一種潛意識的溫暖與熟悉感。如果你最喜歡的餐廳寄了一張生日卡片給你，還附上免費開胃菜的優惠券，不是很好嗎？

愈來愈多公司都建立了所謂的「忠誠方案」，但是要注意，是你應該要對它們忠誠，而非相反。你做為顧客，收到這些所有折扣的時候感覺很棒，但是經濟學家知道，這些經常就是為了畫分市場、限縮競爭，以及藉由顧客花費來提升企業利潤的計畫。例如航空公司的飛行常客獎勵計畫，或連鎖旅館的忠誠方案，只要你累積了很多里程數或點數，公司就不必像爭取其他顧客那樣來爭取你，某個程度上它們已經在顧客群中做出畫分，更長期之後就能訂更高的價格。這算什麼忠誠？

你或許知道，常客方案在美國經濟各個區塊散布得愈來愈廣，容我說一句，這實在讓我沮喪。我經常會遇到忠誠方案，例如在書店裡買書、去超市買生活用品，基本上確實就是這段日子以來我會花錢買的大部分東西。我有看過租車、郵輪、三明治，還有美國國鐵（Amtrak）旅行的忠誠方案，我並不是要說這些規畫的特色中**沒有**效率，但整體而言就像我解釋過的，如此會限縮了某些競爭並提高價格，同時還利用了人類重視他人的忠誠，因此自己也想表現忠誠這樣的性格。

同時也很常見到企業會鼓勵業務員，跟客戶直接接觸並維持關係，如此以來顧客便會對這些業務員產生忠誠，將他們跟其公司看成是一體的。在我們心中，業務員就代表了公司，就像宗教可能會用一位聖人，或更接近人群的神職人員，來代表與人類較難親近的神。業務員會讓公司在顧客眼中更有人性，而我們會想要取悅業務員、希望得到喜愛、用自身的判斷及金融資源讓業務員印象深刻，這些事情只會更進一步鼓勵我們，對企業產生像對人類一樣的情感連結。

羅伯特・席爾迪尼（Robert Cialdini）在他的經典行銷及說服術著作《影響力》（*Influence*；編按：繁體中文版由久石文化出版）中，詳細說明了企業會多麼努力來培養我們對它們的忠誠度，好像它們自己就是人類。安麗（Amway）製造並銷售家庭及個人照護產品，而它們的一項核心策略就是挨家挨戶發送免費試用品，會有一位安麗的銷售業務拜訪你家，並留給你一大袋產品，簡直就像聖誕老人留下禮物一樣。你可以留著產品一段時間並仔細檢視，最後業務會再度拜訪你家，問你想要買哪一樣產品。這樣的方法是讓顧客覺得自己對業務有一份責任，就像你也會覺得有必要回應帶了禮物來你家的朋友。不意外的是，銷售業務都受過訓練，學習要如何變得容易親近它，並表現得像個朋友一樣。安麗也想要讓你把公司當成自己的朋友，那麼不如就創造出一個能言善道又有魅力的人，總是帶禮物給你，似乎也喜歡你，或者最好是真的喜歡你這個人，還有比這個更好的方法嗎？[6]

特百惠（Tupperware；按：直銷商）則更進一步，他們並沒有招募專業的銷售業務來當你的朋友，而是舉辦銷售派對，通常就是由你某位**真正的**朋友來主導，或許派對上不會逼迫你要買，但是拜託，你一個好朋友為你辦了一場派對耶，難道你不會覺得自己應該買一點東西，以表現出自己有多珍惜這份友誼嗎？一位女性說：「如今已經到了我討厭有人邀請我去特百惠派對的地步了。」[7]

有時候，公司實在太執著於讓自己的銷售業務看起來人很好，結果卻不再善待業務員本身。例如生活用品零售商喬氏超市（Trader Joe's），它的公司政策是店面員工都要親自帶著顧客，去找到他們找不到的商品，並且無條件收下顧客退回的食品商品。這些都是非常善意的表示，而且公司也鼓勵員工在與顧客互動時保持微笑，但是如今卻發展成了許多員工在抱怨他們受到壓力，必須要表現出很快樂的樣子，而這樣的壓力卻讓他們不快樂。二〇一六年十一月在《紐約時報》上就刊登了這樣的報導：「一位資深員工湯瑪斯·奈戈（Thomas Nagle）……經常遭到訓斥，因為主管認為他的微笑和舉止不夠『和善』。」他在九月被開除，因為主管說他的態度過於負面。[8]

顯然，將基本上非人類的經驗擬人化，即使完全看得出虛假之處，仍然有效。你看過情境喜劇嗎？通常在背景都會有罐頭笑聲，這樣觀眾就會覺得自己是在一個友善而熟悉的環境中觀賞節目，可以跟旁人分享歡樂、建立情感連結。很少會有觀眾覺得這些罐頭笑聲是「真的」、或者笑聲就代表了真實觀眾的反應、甚或如果現場真的有觀眾的話就會這樣反應，這是一種虛假的設計，刻意操弄我們，我們也相當樂意配合。實際上我們不但相當歡迎，甚至還要求許多我們喜愛的電視影集這麼做。

企業將產品包裝成會說話、會呼吸、有表情的個體，又是另一種操弄了。公司會讓這些產品看起來更像人，經常是透過在廣告中運用動畫，現在還有像是ＣＧＩ（Computer-generated imagery，電腦成像）這類更為精細的數位科技。你會不會覺得一顆會說話或會唱歌的葡萄乾，比起只是裝在盒子裡的葡萄乾更有說服力呢？知名的吉祥物刷刷泡泡（Scrubbing Bubbles）[9]就在廣告裡說：「我們努力工作，您就可以輕鬆了。」一雙隔熱手套努力要吸引顧客光臨阿比三明治（Arby's），而皮爾斯伯里麵團男孩（Pillsbury Doughboy）則會看著麵團和其他烘焙產品咯咯笑，還有其他許多行銷廣告都屬於此類。[10]

一項研究顯示不願意相信其他人類的人，比起人類代言人，更容易相信會說話的產品，當其他人在說話時，信任感低的聽者會特別容易抱持懷疑的態度：有什麼比另一個人類更不值得相信的呢？不會輕易信任的類型特別會受到代言者的本質及行為影響，而且更容易把在電視上說話的人類，想成是不值得相信或不老實的，或許是因為虛假的笑容、閃爍的眼神，或者普遍認定電視上的人都是別有用心。而若是看見會說話的狗、或動畫處理過的產品，就比較難抓出同樣的徵兆，因此就有可能賦予較高的信任。[11]

另外也有證據，當然只是片面的，認為人們不會再使用某樣產品後，比起非擬人化的產品，更不會丟棄擬人化的產品，或許他們仍覺得跟擬人化產品有某種連結，因為他們在生活中跟這項產品有更多情感共鳴。我會跟車上的衛星廣播裝置說話以更換頻道，廣播也會跟我說話；我有時候會想，這樣的互動是不是讓我跟這項產品的連結更深了一點，或許我永遠都不會真正知道答案，這樣的事實完全讓人無法安心。[12]

有些科技產品會即時跟你對話，蘋果的 Siri 是先驅，但並未真正成功；亞馬遜的 Alexa 會待在你家，回應你的指令，也是領先市場的產品。而微軟的 Cortana、谷歌 Home，還有其他產品都在互相競爭，想在個人助理市場占塊更大的餅，只是不知道這樣描述算不算正確。有時候感覺就像是你帶了一位真正的同伴進到家裡，而且隨著它們改良產品的速度愈來愈快，這種感覺會更加強烈。或許在不久的將來，我們就能坐下來跟這些產品聊天找樂子、或許是聽取指示、又或許只是讓自己有點事做。同時也很容易想像在未來，許多老人家大部分的對話，可能都是跟這些人工裝置交流。

對科技公司的一大問題是，這些裝置的聲音應該是如何、要給使用者什麼樣的印象，以及服務者的聲音應該是女性或男性（至少目前通常是女性）。Siri 有一點俏皮又愛挖苦人，而 Alexa 則會發出比較多「嗯」或「呃」，或許這樣比較像人類。有公司即將推出虛擬護理師，聽說要命名為「蘇菲」(Sophie) 和「莫莉」(Molly)，或許她們的語調和態度會比較溫柔，而不會出言諷刺。總之，我們能夠將企業產品聯想成一個真正的人，這樣的能力即將大幅躍進。

比較可能的情況是，我預期會有許多人對這些產品產生情感連結，就像對寵物一樣，還包括許多沒那麼聰明的寵物。在二〇一三年上映，由史派克・瓊斯（Spike Jones）執導的《雲端情人》(*Her*)，描述了一個男人愛上自己的智慧型個人助理，結果最後當他發現，她同時也跟許許多多其他用戶維持著親密對話和感情時，感覺自己遭到背叛。下一個世代的商品很有可能會變得非常厲害，但這也表示我們可能最後一樣會感到失望，就像我們實在太常對有血有肉的人類感到失望一樣。或許事情不會如我們所料，我們永遠不會像是對全麥餅乾和迴紋針感到滿意一樣，對 Siri 和 Alexa 感到滿意。

順帶一提，商業企業的擬人化並不只是針對顧客，同時也是針對公司的員工。老闆會操弄自己的員工，就像操弄顧客一樣，而且通常用的是相同的工具。一部分，企業老闆仰賴廣告行銷和公關宣傳的幫助來說服員工，自己是在一家有魅力或「很酷」的公司工作，谷歌或臉書有很多員工一說自己在哪裡上班，都能感受到一股溫暖的光芒，特別是如果他們的朋友和家人，都已經受到優秀的公關操作影響（這很可能是隱藏在表面下的事實），認為可以在這些公司工作真的「很酷」，當然這樣的觀點在過去幾年來已經算是烙下了痕跡。

主管階層也會對自己的員工，不斷施予提升士氣和加深連結的練習，而且盡一切努力讓公司在人們眼中看似「真實」，例如讓 CEO 在工廠廠房內走來走去，或者花相當時間在員工餐廳吃飯。主管們談起了公司，不但像是個家，也像是個家長；最重要的是，他們也鼓勵員工要互相來往，這樣職場上的同僚在某個部分也代替了公司本身。身為員工，我們經常被鼓勵說，要把公司想成是一群溫暖、像家人一樣、全心投入的人們，而不是一個依法設立、制度化的抽象機構，總是只想著將利潤最大化。當 CEO 或企業的代表人上社群媒體發聲，不只是為了吸引、留住客戶，同時也是要磨亮這家公司在員工及潛在員工心中的形象。

再說一次，我們發現企業本身就支持著、加強著人類這種自然傾向，將商業企業誤認為有血有肉的真人。意外嗎？如果某家企業的公關宣傳是這樣做廣告：「這家公司本身沒有自己的思考或感受，要靠競爭才能綁住我們！」我想這樣的效果恐怕不會太好。

擬人化的缺點

但是，要把企業想成是我們的朋友，其實有點困難。

一來，我們的流行文化經常說，企業不是我們的朋友，提供了各種故事講述邪惡的大企業老闆和代表人物，因為我們這些觀眾和聽眾想要這些，例如在電視和電影上所傳達出的商業形象，負面的要遠多於正面的。評論者有時候會認為，這是因為好萊塢中有很高比例是民主黨員，但是我認為真正的解釋有更深的原因：邪惡的商業，當然還有邪惡的企業故事，比起商業成功的故事要更加容易行銷。[13]

想想一部成功的電影或影集要具備什麼要素，通常會有一個明顯的反派、某種陰謀、一個「好人」，最後經過一番掙扎，終於一方贏得勝利，打敗另一方；一般都是邪不勝正，而且觀眾的組成通常會包含更多人是認同勞工一方，而非雇主。所以常常能看見影視呈現出，某個鬥士剷除了邪惡的企業，又或是挑戰某個腐敗的政治組織。例如像是電影《永不妥協》（*Erin Brockovich*），這是根據美國一位環境運動人士的真人實事改編，電影中那位聰明、美麗又勇敢的主角，由茱莉亞・羅勃茲（Julia Roberts）飾演，她發現了邪惡企業汙染環境的醜聞，並且經過好一番努力之後，終於將它繩之於法。看過這部電影的人當中，很少有人知道電影中大部分的情節都是虛構的，當然這是為了讓電影更加精采。重點不在於電影是形塑社會的主要動力，反而在於從電影中，能夠輕易觀察到故事模式中的偏見，也能看出為什麼戲劇概念的呈現，通常會有反企業的偏見。

還有另一個原因，能夠解釋為什麼我們不大能夠將企業想成是朋友。友誼有一部分是基於固有的忠誠，在無論何時何地都比自己獲得多少利益還重要。許多友誼關係也是仰賴不斷交換互惠的利益，但是卻不會直接考慮到每一次到底需要施予多大的互惠。除了朋友相聚時自利的歡樂，友誼還牽涉到有共同的觀點、希望能看到自己的價值觀也反映在別人身上、可以共患難的感覺，以及（一部分）願意將別人的利益放在自己的前面，而不必老是計算著自己能拿回多少。

一家企業就是沒辦法完全符合這樣的模式。一家公司可能希望表現出自己是友善互惠的化身，但卻更像是一組不甚符合道德的原則，通常但也不是總能實現共同利益。企業層峰依法有責任要盡量提升股東的利潤，至少在符合法規限制，或許還有公司契約或規章中載明的其他限制下是如此。這類信託責任的本質究竟如何，在各家公司皆有不同，不過卻從來沒說過，公司應該要成為顧客的朋友，除非這樣的友誼可能對公司一方確實有所價值，包括利潤，不會再發展出更多。

在這樣的設定下，如果我們用友誼的標準來評斷公司，就像各家公司也努力想哄騙我們這麼做，大概一定會失望。公司永遠無法完全符合友誼的標準，甚至不算是親近的友人，它們最多有點像披著羊皮的狼；不過這些狼會帶食物給你，並不會吃掉你。

我們評斷公司時不只是把它們當成產品供應者，也當成老闆，而這裡也是一樣，把公司當成扮演這個角色的人類，會讓我們期望太多。公共政策顯示出我們期望公司要為我們做多少事情，彷彿它們是我們的朋友、家長、配偶、伴侶和政府融為一體，雖說依政體和時期各有不同，不過我們一直都期望公司要提供我們的健康保險、身障保險、育嬰假、心理健康問題的諮詢服務，有時候還有學齡前兒童日托服務。除此之外，當然還有它們基本提供的薪資、辦公室、網路連線，以及友誼。

英國經濟學家暨記者提姆．哈福德（Tim Hartford）已經提起了一個可能性，或許企業永遠不可能滿足這些所有期望，而我們應該給公司一個範圍較窄的任務，並依此評斷。無論人們需要擁有哪些社會服務及福利，或許都應該透過政府或個別市場來特別傳送，然後企業就能夠專心在自己最擅長的事，也就是製造出我們想要的商品來賺取利潤。可是事實卻不然，尤其是在美國，我們讓企業擔起了照護者和保姆的責任，然後我們永遠都不開心，因為企業無法為每位員工都提供健康保險，有時還會因為留著員工沒有利潤而把他們解雇，害得許多人失去許多福利，也損失了社交網絡。

我不是說將這些所有服務都跟企業綁在一起，就一定不好，再說如今美國的系統已經發展成這個樣子，或許要解除每個部分的責任已經太晚了。有許多評論者，無論是左派或右派，都認為歐巴馬健保，能夠大規模解除企業的健康保險涵蓋範圍，改由歐巴馬健保承擔，但這件事並未發生；這表示由雇主提供的健康保險，在美國的發展已經相當健全，只是不知道如此是好是壞。無論如何，盼著公司能夠提供這些社會福利的功能，也是反映出我們把企業當成了人，或者在某種情感共鳴上就像人一樣，企業已經做了這麼多來照顧我們，雖然在成效上各有千秋，讓它們能夠很輕易就套入擬人化的角色，例如家長、照護者和監護人。

我們做為顧客時，同樣也對企業有諸多期望，一個例子就是，我們希望企業能為我們修好或替換壞掉或功能不佳的產品，就算沒有售後服務或保固也一樣。很少有客戶對於產品失靈的可能，抱持著實際或理性的期望值，也不知道要修理或處理這些失靈，至少要投入多少資源才足夠。如果買來的產品出錯了，我們希望企業能立即、完全修好產品，可是事實上最好的反應或許就是算了吧，即使你不知道這一點，企業也知道。另外，許多打客服電話求救的人在線上等了十分鐘，就覺得自己血壓上升、遭遇不公，但背後的真相是，有很多公司根本就選擇忽略個別抱怨，因為處理這些問題不一定值得人力成本、時間和心力；而且顧客常常也是自己搞錯了，或者有可能根本說謊想要訛詐公司。我們可以讓公司更殷勤一些，我們多數人也希望如此，但同時我們卻沒打算要付出因此而更高的價格。購買商品時若能買最好的、得到更優質的服務，還有更有利消費者的退換貨政策，當然會輕鬆許多，但這並非大多數客戶會選擇的方式，成本實在太高了，因此我們所得到的就是自己付錢能夠買到的服務，或許也就是我們應該得到的。

有趣的是，雖然我們不應該把企業當成人，但是為了社會團結或許也是必要的。如果美國人要在公共討論的場合支持商業，商業在某種程度上就必須表現出友善，否則政治可能會對商業太嚴苛，最後為美國私人企業帶來不好的結果。而且，消費者對企業的忠誠度即使有些不理性，某個程度上也能讓這些企業的表現更良好。企業知道如果能夠建立起良好的公眾形象，並且維持可靠服務的紀錄，消費者就會以某種情感忠誠度做為回報。整體而言，能夠創造出大致正面的商業動機，而要是所有消費者都知道這個算是有點憤世嫉俗的事實，也就是不應該用朋友的標準來評斷企業，而要將企業當成抽象的、鯊魚般只想要商業利益的法人實體；如此一來，激勵動機就消失了。消費者愈是認為自己和商業可能會維持長期關係，尋求獲利的企業，就愈老實進行負起社會責任的作為。因此社會需要這樣的幻象，而把商業的全部真相，以及其忠誠背後基本上很可疑的本質，完全暴露出來，說得人盡皆知，可能會非常危險。

所以祕訣是，大眾必須在某個程度上，把企業想成是人一樣；如此一來，系統才能運作下去，員工也需要抱著類似的感覺，才能維繫職場的凝聚力，但如果是談到政治與公共政策，我們就必須讓自己不受這種情感及擬人化的態度影響。我們必須不再是為了忠誠及友誼才對企業忠誠，同時也必須不再老是對企業感到失望，彷彿我們就應該以評論個別人類、尤其是朋友的標準，來評斷企業，而是應該用更冷靜的態度看待企業，把企業看成一套依據法律和經濟秩序運作的抽象系統中的一部分，有其特定的價值，但也有許多瑕疵。不幸的是，短期內還不會發生這樣的事。

人們發現尤其困難的是要把企業看成一套抽象、非人類的實際善意系統，原因就在於我所謂的「控制權溢價」(control premium)[14]，因為人類有強烈的欲望希望感覺到自己能夠掌控自己的生活、掌控自己的未來，同時在某個有限的程度上，可以掌控我們身邊的人會有什麼行為；如果我們感受不到這種程度的控制，就會感到焦慮，並試圖想要重建控制感。這種本質的概念在心理學及社會心理學中很常見，但不幸的是，在經濟學領域中尚未發揮明顯的影響力。[15]

我們喜歡把企業當成自己的朋友，其中一個原因就是這樣能感受到更大的掌控感，我已經討論過我們有多麼依賴企業，包括我們的食物、娛樂、與朋友和所愛的人溝通交流、讓我們從一個地方移動到另一個地方。但是儘管經濟學家滔滔不絕地討論著消費者主權（consumer sovereignty），但是我們一點也不清楚人們實際掌控了多少，確實，你可以選擇要在巨人食品商店（Giant）、喜互惠超市（Safeway）、或者全食超市購物，但是很難完全跳脫商業網絡之外；而這個網絡的本質形塑了我們許多選擇，進而形塑我們的生活。

當然，顧客是不可能一整天都能深刻而細膩思考這些哲學問題，畢竟這樣會耗費太多心智及情緒精力，因此人們只能將這個有點奇怪、非狩獵採集的現代商業社會，轉換成自己原始本能比較熟悉的樣子。也就是說，人們心裡隨時都想像著自己身邊圍繞著可以信任的人，就算只是銷售業務員也好，而且他們是處在一個熟悉的環境裡，以消費者和員工的身分行使自己的自由意志。考慮到我們每天還得過日子，人們在心理上就很難內化這些企業真實、確實的樣貌，認出企業只是根據多數為自私、尋求獲利的行為，而參與了和人類不同的程序。

你可以爭論究竟我們對於現代商業社會中，普遍懷抱的自由樣貌有幾分真假，但是我總忍不住會覺得其中一部分是謊言。這套系統提供了許多自由必備的特質，例如有數不盡的產品及工作選擇，以及這些決定中大多都相對不會受到外力施加的強迫。但是如果你考慮到要遵從社會規範的壓力、注意力缺失、個人生活的壓力，以及必須要「立（刻）馬（上）」做出決定的想法，我們所過的生活**實在**不是真正的自由。這（或多或少）比較接近一個社會所能提供給我們最自由的生活，但是從形而上學的觀點來看，卻不大像是真正能透過我們運用自由意志，來主導個人的命運這種自由。至少，現在消費者社會中有一部分的自由只是幻象，我們創造出這樣的幻象好讓生活看似可以忍受，讓我們感覺自己更有掌控權，而這正是因為就某個程度而言，我們所擁有的控制權並不是那麼大。

因此，實在很難抽離這幅令人安心的自由景象，告訴自己身邊的商業和企業深處潛藏的非人本質真相。我們可以認出，但是幾乎不可能將這種非人的特性深層內化，我們的大腦演化就是不習慣這樣的思考和感受。即使我們是專業的經濟學家，受過訓練去分析人類生活中這些部分，也會遇到同樣的問題。我已經發現，經濟學家都精通情感隔離之道，在研究自己的「日常工作」時，當中的佼佼者毫無困難就能以相當非人性的角度來思考經濟，分析其強項及弱點。但若是放在普通、日常的商業情境中，他們發自肺腑、情感的反應就跟其他人一樣，他們喜愛公司、對公司生氣、對產品忠誠（或不忠誠），也會咒罵在客服專線上等太久。一旦他們離開了自己分隔開來的工作生活，而踏進了商業社會，他們也會擬人化企業及產品，將自己的專業與理論造詣拋諸腦後。可恥啊，但是人就是這個樣子，而你也不應該因此就對經濟學者過於反感。

人們如果感到自己可能會失去控制權，會出現各種反應，有時會完全崩潰，不過這也算是例外狀況。另一種選項是採取行動以重獲更多控制權，而我們當然經常都能見到這種狀況。如果你不喜歡家得寶（Home Depot）對待你的方式，就會多學一些木工知識，或者會帶上一個比較有經驗的朋友來幫你，又或者你會想辦法在 eBay 上買到自己需要的東西。但是還有另一種選項，這也是相當常見的，那就是**假裝你擁有的主控權比實際上多**。確實，在一個高度商業化、高度企業化的社會中，我們通常會以此來回應自己受到的約束。我們不會學著自己種蔬菜，反而會想辦法重新主張自己的控制權，例如大肆採買一番、忽略自己眼前的麻煩而去決定其他事情，或者乾脆打開電視觀賞某些（企業化的）電視節目，可能還有一些吸睛的廣告。這樣的反應沒什麼錯，而且確實，我們的理性上需要我們大致上忽略、甚或抹滅自己其實並不真正能夠控制周遭商業環境的事實，至少不是我們個人能做到的。

但是即使我們接受了這薄薄一層自治的假象，我們無論是做為消費者或員工，或許從來都不如我們所想的那樣能大致掌控，因此我們總是對企業感到失望：應該能用卻失靈的產品侵入了我們的生活，醫院不會如我們所願的那樣清楚解釋寄來的帳單，銷售業務員不會承認自己做了壞事，客服專線總是讓人等得太久，而且三不五時就會被餐廳搞到食物中毒。我們大多數人面對這些事件的回應，都不會是思索非人性的企業運作有什麼更大的益處，而是會感受到針對自己而來的情感刺痛，我們遇到這些事情後轉頭離開，心中感到困惑、不悅，或許還有怨恨。我們的朋友，企業，又讓我們失望了，但是就像大多數朋友一樣，我們還是會繼續以某種理所當然的態度享受其好處。

換句話說，我們心中的直覺反應很難對企業抱持著適當冷漠的態度，即使我們的政治觀點是左派、或覺得自己憤世嫉俗也一樣，我們生活中幾乎每一天都在跟商業打交道：做為消費者、做為員工，或是生意往來的客戶。要在心裡直覺反應維持著冷漠的厭世感，壓力實在太大了。

例如說你走進一家漢堡王（Burger King），假如它讓你染上李斯特菌（listeriosis），就能讓公司多賺進幾百萬美元（扣除官司訴訟和公關形象不佳的損失後），你真的會想要認為它願意提高你的感染機率嗎？若是抱著這種想法，實在很難安心享用餐點，於是你壓抑下這種念頭。或許某個程度上你知道這是真的，但是另一部分的你也明白，染上李斯特菌的風險其實相當低，所以你大可走進去吃東西，不必緊張兮兮地計算著你可能染上什麼疾病的機率。從實務角度來說，這樣的方法在許多商業情境中已經夠好了，你的日子會過得比較好，因為你的壓力會降低，壽命或許也會比較長。所以說，你應該把許多壞念頭屏除在腦海之外，這是其中一個原因，若非如此，就很難過活。但是，你還不算是正視完整的真相。

你去看醫生，或帶著親愛的人去醫院時，你會不會只想著某些估算報告中，非常高機率發生的醫療失誤，一年造成二十五萬例死亡？對，有些人會，其實我就是其中一個，我的態度是：「我們要盡快把岳父接出醫院，以免有什麼壞事發生。」我很高興我是這種人。無論好壞，如此都能讓我遠離醫生及醫院，這是（目前為止）我能承受的奢侈生活。但還是一樣，並非每個人都能懷抱著這種態度過活，而掩飾自己的情緒。有很多人把父母或岳父母帶到醫院去，只能祈求奇蹟，他們可能會逼著醫生或護理師給予更好的治療；但是他們腦海中不會一直跑馬燈閃爍著訊息，說光是坐在醫院裡就是很大的風險，因為你可能感染疾病，或成為醫療失誤的受害者。畢竟，原本讓你跑到醫院來的緊急病症，就已經讓人備感壓力了，誰還有工夫同時去擔心另一類重大風險？有些人可以，但其他許多人沒辦法，因此在我們心裡看來，大多數人對醫院的大致印象，都是一個安全、能夠治癒疾病而善良的地方，這樣才能撐過我們偶爾與醫療體系的交手。

我們大多數人都不可能一整天心心念念著，我們終將一死這樣的事實，因此上述的這些現象可以視為大致具象化了這個概念。在俄國經典文學中的角色若懷著這種執念，通常都不會太積極過活，又或者說起來也不會太快樂，於是自欺欺人的濃霧又再一次籠罩著我們所有人，或幾乎是所有人。一個副作用就是，我們最終也會對商業及商品供應者抱著太多幻象，大多都很含糊。最後的結果是，並沒有一份甚為可靠的數據統計，說明我們到底有多麼相信商業，我們反而是努力將期望完全區隔開來，抽離自己的情緒。講到商業，我們既是忠誠，又抱著疑心。

那麼我們接下來往哪裡走，又應該做什麼呢？繼續對商業抱持懷疑沒有問題，確實在許多特定案例中，我們的懷疑會迫使商業改進。不過同時我們也應該消弭大部分對商業的敵意，而且更加感激商業對改善生活的貢獻，無論是以消費者或員工的身分，或可能就是以企業本身的身分。外頭多數批評商業的言論都是根據對事實的錯誤理解，有時也是套用了不適當的評斷標準。

那麼相對說來，商業的社會責任是什麼？我想這個問題沒有單一一個具體的答案，只能說：**商業的社會責任就是，提出新的、更好的商業社會責任概念**，不但能夠提升企業獲利，更能夠促進其他社會目的，包括繁榮與自由。你或許會說，商業的社會責任就是要提出有願景的魔法，能夠讓我們更加信任，無論做為消費者或員工皆然。企業不會完全成功做到這些，但是美國的商業已經成功創造了這麼多財富、創造了這麼多新機會，可以說其表現已經勝過了世界歷史上所有其他私人機構。

所以我們真的可以相信，美國商業在最佳狀態下，可以代表人類許多最高的價值。

附錄

到底什麼是公司？勞工的煩惱從哪裡來？

因為有這本書的論點，我覺得可以回顧一下，經濟學文獻中關於企業本質的部分，相當有趣。我發現隨著時間一長，我對於究竟企業是什麼、在做什麼的觀點，已經逐漸改變，而偏離了經濟學主流論點。我比較會認為企業乘載了聲望，以及某種隱喻式的人格，而不大會認為企業是一種盡量降低交易成本的方法，後者便是許多主流經濟學家的主張。

一九三七年有一篇知名的文章，標題為〈企業的本質〉（The Nature of the Firm），作者是曾經定義了經濟的本質，並獲諾貝爾獎的經濟學家羅納德．寇斯（Ronald Coase），他思考了未來數十年會出現的企業。文中他描述的企業，基本上就是一種減少交易成本的手段，若是只在現成的勞動市場中尋找，不是每次都能輕鬆雇用到你想要的員工，更不用提要找到願意聽命行事的員工。或者，你或許得擴張企業的規模，才能確保生產計畫所需的資產品質。在這些案例中，一家公司會雇用並將這些資產「帶進企業」，希望他們會比較容易管控；這就是寇斯所說降低交易成本的意思。

三十多年後，另一位諾貝爾獎得主奧利佛．威廉森（Oliver Williamson）寫了一系列文章，進一步擴充了類似的概念。威廉森的論點奠基於寇斯的研究之上，他認為企業主管透過繞開現貨市場，並且在企業內階級架構中完成目標，就能有效減少機會主義及延誤行為等問題。比起試著要寫出一份適合短期現貨勞工的合約，有時候直接聘雇為員工會更簡單、更有效；畢竟短暫任職的員工不會有同樣的激勵動機，想要維持良好、可持續的長期關係。這份研究以經濟學的思考，為企業最為基礎的概念打好地基，只是雖然文中有諸多事實，卻不大符合我自己的觀點。

我同意，有時候企業能夠減少交易成本，但不是一定如此，而且我也不確定平均起來是這樣。問問自己一個簡單的問題，就說你想要買一部工作用的電腦放在書桌上，什麼方法會牽涉到降低交易成本：上亞馬遜網站（或開車到百思買〔Best Buy〕），或者透過你公司的採購部門去訂購一部新電腦？當然，這要看問題中的公司是什麼公司，但我們大多數人都已經知道答案可能是什麼。現今有許多市場牽涉到非常、非常低的交易成本，採購部門如果可以大量採購，或許可以給你更好的價格，但是跟他們打交道，大概會更為痛苦，因為他們的優先事項不是你的優先事項，可能還需要有文件跟許可，而你的公司可能有一些、或許就是很嚴重的官僚，尤其是一家五十幾人或上百名員工的公司。一家公司要多大才會發展出深植系統內的官僚主義，各人意見都有不同，不過每位企業領袖和員工都知道這個現象。

考慮到這點，我不認為降低交易成本是企業的**本質**，即使公司**確實**能解決許多交易成本的問題（例如說，我的助理幫我印出很多 PDF 檔案的書稿，若是要使用像優步這類的服務，等我有需要幫忙時再找人來，事情就會更麻煩）。

而且我也不大確定到底要用什麼經濟學詞彙（而不是嚴格的法律定義），來描述企業的範圍，我觀察到在企業內部，以及對外部夥伴時，會使用創新、可降低交易成本的合約，而若是以寇斯及威廉森的理論所確立的參數，我也不確定企業與市場之間的分界在哪裡。在**法律**上，以責任和相關特色來畫分企業與市場要簡單得多，但是倚賴法律定義的畫分應該能提供一些線索，讓我們知道要思考企業本質，最好的方法其實就是，承擔著社會聲望及法律責任的組織。

因此，有別於寇斯與威廉森的交易成本論點，我通常會以下列特性來看待一家企業：

1. 是一個資產集合，依據有利的採購價格（或至少對成功的企業而言，這樣的價格是有利的）而集結。
2. 是外部及內部聲望與規範的交會點。
3. 承擔了依據契約及法律的責任。

除此之外，我還會加上下列這點做為企業的另一特色，但不是必備的：

4. 集結了相當複雜的關係，包括有交易效率的，有時也有高度無交易效率的。

當然其中有選擇壓力（selection pressure），因此如果效率不彰的問題太嚴重，公司就會不復存在，回頭去說競爭壓力的核心概念，如此就能夠創造出對淨效率有利的平衡狀態。從這點看來，交易成本是一項企業有可能面對的重要限制約束，因此寇斯和威廉森的方法算是擦邊反映出了部分事實，只是他們在解釋企業是什麼的時候，高估了降低交易成本的角色。[1]

在這本書中，我大部分都專注在討論第二項特質：企業承擔了外部及內部的聲望與規範。**人會對公司有意見**，未來的員工會有這類意見，還有未來的CEO、金融記者、政府官員、選民、社群媒體上的評論者，幾乎其他所有人都會。但是從第四項特質，你也可以察覺出我如何看待企業的重要線索，尤其是在第三章討論CEO薪資的時候，以及關於金融的章節。[2]

我還是希望在解釋現代商業活動時，可以減少專注在交易成本上的討論。如果企業主要做的事就是降低交易成本，就會比如今更加受到喜愛才對。企業確實降低了足夠的交易成本，才能把工作做好，至少跟其他可行的選擇比較起來是如此。雖說如此，企業的交易成本並沒有特別低，或者有利，因此我們常常為此感到困惑，包括我們身為員工的角色亦然。除非我們是在一家非常小的企業中工作，不然通常都很痛恨我們任職的公司中官僚橫行（就算我們是站在相對的立場，同樣對官僚體系有相當多批評），而且我們這麼不喜歡官僚（一部分）也是合理。這些官僚常常扼殺部屬的功勞、把簡單的營運變複雜（例如要求多重許可），而且我們做了什麼好事的時候，也無法給予獎賞（或者提升了討厭鬼的地位），他們的晉升速度之快讓我們難以苟同。不過同時，官僚主義能夠防止有些員工「不按規矩做事」，或者讓老闆更難偏心某人，股東也無法為了私人目的而利用公司，因此企業官僚是必須的。只是因為有官僚，企業生活可能會很辛苦，有時又非常不公平，用羅納德・寇斯的文章標題來回應，這也是「企業的本質」。

謝詞

作者希望感謝提姆・巴特列特（Tim Bartlett）、克莉絲汀娜・卡西奧波（Christina Cacioppo）、布萊恩・卡普蘭、娜塔莎・柯文（Natasha Cowen）、泰瑞莎・哈特涅特（Teresa Hartnett）、丹尼爾・克萊恩（Daniel Klein）、艾茲拉・克萊恩（Ezra Klein）、藍道・克羅茲納（Randall Kroszner）、提摩西・李（Timothy Lee）、荷莉絲・羅賓斯（Hollis Robbins）、亞歷克斯・塔巴羅克，以及迪隆・陶津（Dillon Tauzin），謝謝他們的實用評論、討論及協助。

我要特別感謝提姆・巴特列特為這本書優質而完整的編輯，也在整個出版流程中確保一切無虞，另外感謝泰瑞莎・哈特涅特這位經紀人的服務。我為了這本書也跟許多ＣＥＯ和其他資深企業領袖談話，還有許多員工，但通常都是隨興而至的聊天，所以我就在這裡一併感謝，而不一一列出名字。

事先聲明，我應該要指出，書中所討論的許多公司都有捐款給我的大學，有時我也收取酬勞進行私人講課，但是就我所知，我並沒有在書中列出的任何一家公司辦過收費演講。

注釋

第一章　支持商業的新宣言

1　作者注：關於支持度調查，請參見 Newport 2018。

2　譯按：讀者在閱讀這段文字時可能會覺得不甚自然，因為原文的 business 翻譯成中文有很多種選擇，而無論是翻譯成「商業」、「生意」、「公司」、「企業」，都無法完整詮釋這一段的意思。作者想表達的大意是：他在描述企業時，無論規模大小，有時會使用 business，有時則會使用 corporation 一詞。而 business 在英文中是比較概括、普遍的說法，所以用在描述特定企業作為或現象時，或許就不如 corporation 一詞容易引起負面聯想。譯者在此段中只要是 business 一律翻譯為「商業」，corporation 則翻譯為「企業」，但是在後面文章中則不會有此限制。

3　作者注：請參見 Bloom et al. 2012。

4 作者注：關於生產力的差距，請參見 Syverson 2011；關於中國和印度，請參見 Hsieh and Klenow 2009。

5 作者注：關於這些特質在國際脈絡下的展現，除了 Bloom, Sadun, and Van Reenen 2016，請參見 Pellegrino and Zingales 2017。

6 作者注：Bloom, Sadun, and Van Reenen 2016。

7 譯按：舒心產品的大略定義是能夠讓生活更舒服，而價格也實惠的產品。

8 作者注：關於大企業在支持 LGBT（女同志、男同志、雙性戀者、跨性別者）權益中所扮演的角色，可以請參見如 Surowiecki 2016 等研究。

9 作者注：請參見 Ehrenfreund 2016；Della Volpe and Jacobs 2016。

10 作者注：請參見 Desan and McCarthy 2018。我所引用的是原始文字，後來修改成了「……這樣的系統中，其弱點就和資本主義本身的一樣清晰」。

11 作者注：關於這段歷史，請參見 Segrave 2011。

12 作者注：數據來自 Gallup 2016。

13 作者注：關於較大型公司的薪資酬勞可，請參見 Cardiff-Hicks, Lafontaine, and Shaw 2014。關於更為整體的比較大企業與中小企業研究，包括對詐欺的態度，請參見 Atkinson and Lind 2018，想要了解大企業這個議題，這是相當棒的一本書。

14 作者注：關於右翼分子對抗大型科技公司的聖戰，請參見 Grynbaum and Herrman 2018。

15 作者注：請參見 https://twitter.com/EdwardGLuce/status/1029760202437001216，二〇一八年八月十五日。

16 作者注：Friedman 1970。注意，傅利曼文中誤將高階主管描述為雇員，比較好的說法應該將董事會及主管當成「監護人」，而高階主管要向股東負責。關於這點，請參見 Hart and Zingales 2016，該篇研究也調查過幾篇後續的論文，另外，還有許多人做過企業社會責任的相關研究論文，例如相當實用的總論類論文 Aguinis and Ghavas 2012，還有 Marcaux 2017、Guiso, Sapienza, and Zingales 2013，以及 Lev, Petrovits, and Radhakrishnan 2010。

17 作者注：既然都說了，我應該也提一下，我的著作《稱頌商業文化》（暫譯，*In Praise of Commercial Culture*）中便介紹了搖滾樂的歷史，而另一本書《中午吃什麼？一個經濟學家的無星級開味指南》（*An Economist Gets Lunch*，按：繁體中文版由早安財經出版），則討論了幾個與基因改造產品有關的議題。

第二章　商人比其他人更奸詐嗎？

1 作者注：關於營養補充品，請參見 DaVanzo et al. 2009。

2 作者注：請參見 Evershed and Temple 2016, 20, 122。

3 作者注：關於這份調查與相關證據，請參見 Anderson 2016。

4 作者注：關於每天說謊的數字，請參見 DePaulo et al. 1996。關於對我們最親近的人說謊，請參見 DePaulo et al. 2004；DePaulo and Kashy 1998。

5 作者注：請參見 Feldman, Forrest, and Happ 2002。

6 作者注：關於履歷表，請參見 Tomassi 2006；Henle, Dineen, and Duffy 2017。

7 作者注：關於偷竊和員工盜竊，請參見 Wahba 2015。關於未通過藥物檢驗，請參見 Calmes 2016。

8 作者注：請參見 Schwitzgebel 2009；Schwitzgebel and Rust 2014。

9 作者注：關於同儕，請參見 Schwitzgebel and Rust 2009；關於研討會的行為，請參見 Schwitzgebel et al. 2012。

10 作者注：請參見 Stephens-Davidowitz 2017，第三章。

11 作者注：請參見 IRS 2016。

12 作者注：稅收數字來自稅務政策中心（Tax Policy Center），http://www.taxpolicycenter.org/statistics/amount-revenue-source。另外，如果你想知道會計詐欺行為的各項數據，請參見 Dyck, Morse, and Zingales 2013，不過，這項研究並未跟私人個人相比較，結論中表示，在一九九六至二〇〇六年間，美國的大型公開交易企業中，七間便有一間會涉入與會計相關的詐欺。可惜那些數據中有許多面向都不精確，研究是根據ＩＲＳ的假設認為那些個人和公司實際上欠了多少稅。在這三種稅收中，特別是跟企業所得稅相關的是，兩相對比時假設在「逃稅」和「極端但合法的避稅手段」之間有明顯區別。企業不斷推陳出新，想出更好的辦法來跟稅務機關周旋，我們也發現這些手段間不一定都有很清楚的分別。但是，有幾個比較明顯的因素會影響個人申報時的誠實，這是我在計算數據時沒有考慮進去的。例如，在那段期間的就業稅（employment tax）逃漏大約是一年八百一十億美元，大部分都是個人未能繳付自我聘雇的稅金，而不是企業的詐欺行為。相對來說，將這個數字加到研究裡，就會讓個人的詐欺作為更加難看。

13 作者注：請參見 Fehr and List 2004。

14 作者注：請參見 Henrich 2000, 974。

15 作者注：關於這些結果，請參見 Ensminger and Henrich 2014；Henrich et al. 2004；Henrich et al. 2006；Henrich et al. 2010。關於十八世紀的背景，請參見 Hirschman 1992。

16 作者注：有一項研究認為，如果企業做慈善的動機被認為完全是為了私利，就會招致反效果，請參見 Cassar and Meier 2017。

17 作者注：關於這些結果，請參見 Graham et al. 2017。事實上，美國商業發展的真實歷史也顯示出與生活中非商業的面向有強烈連結，這樣的關聯是雙向的。例如，美國人將自己因商業而發展出來的合作能力應用在公民社會作為上，像是慈善組織和政治運動，包括環境保護運動。比爾・蓋茲（Bill Gates）將自己在微軟的管理經驗活用於蓋茲基金會（Gates Foundation）的公共衛生行動。要引述幾個比較在地又比較不為人知的例子，有許多優秀的財務長（ＣＦＯ）會義務幫忙自己所屬的教會，幫助他們管理財務。美國商業界原本是借用了自己的組織技巧，來幫助早期的美國宗教界，但是這樣的專業已經相互交流，所以商業能夠讓美國人擁有純熟、且經過市場測試的團隊合作技巧，無論他們是為上帝服務、為了賺錢或者為了慈善。有許多在美國運作良好的組織，即使表面上看來不像商業，其優秀效能也都是得利於公司企業的方法與技術。

18 作者注：關於這一切，請參見 Zak and Knack 2001；Keefer and Knack 1997。

19 作者注：加州研究是 Capps, Carlton, and David 2017。關於轉型的醫院，請參見 Joynt, Orav, and Jha 2014。較早的研究是 McClellan and Straiger 2000，而二〇〇七年的研究是 Shah et al. 2007。這些參考文獻都得感謝史考特・亞歷山大（Scott Alexander）的一篇部落格文章（Alexander 2016）。

20 作者注：請參見 Lichtenberg 2013，以及更廣泛閱讀他的研究成果。關於ＨＩＶ陽性病患的預期壽命，請參見 Cairns 2014。

21 作者注：請參見 Brooks and Fritzon 2016，以及 Hare 1999。

第三章　執行長太高薪了嗎？

1 作者注：關於這些評論有許多參考資料來源，其中包括 Bloxham 2015；Elson 2003。

2 作者注：例如請參見 Walker 2010；Kaplan and Rauh 2013。關於薪資比例，請參見

Mishel and Davis 2015，此份研究中，也調查並贊同許多對ＣＥＯ最常有的抱怨。Bebchuk and Fried 2006這份研究也是對美國ＣＥＯ薪資安排相當有名的批評；針對他們特別提出的抱怨也有人回覆，請參見Core, Guay, and Thomas 2005。關於最新資料，請參見Stein and McGregor 2018。

3 譯按：尋租（rent-seeking）是尋求經濟租金的簡稱，也稱為競租，通常是為了壟斷利潤而做，例如政府的特許、關稅或採購等都屬於尋租行為。

4 作者注：有一筆最近的資料很值得參考，請參見Edmans, Gabaix, and Jenter 2017。

5 作者注：例如請參見Mishel and Davis 2015；Frydman and Saks 2007。

6 作者注：請參見Gabaix and Landier 2008。關於這個議題的討論，若想知道更多可靠的調查結果，以及更廣泛討論ＣＥＯ薪資問題，請參見Edmans, Gabaix, and Jenter 2017。關於三千一百萬美元這個數字（在二〇一四年的幣值），請參見Edmans, Gabaix, and Jenter 2017, 17。

7 作者注：Gabaix, Landier, and Sauvagnat 2014, 3-4。例如在經濟大衰退（Great Recession）那幾年，ＣＥＯ薪資的下降幅度，大致就與公司市值的下降相符：「ＣＥＯ薪酬的變動確實跟公司規模的變動密切相關：在二〇〇七至二〇〇九年間，公司總市值平均減少了一七・四％，股價也減少三七・九％，而薪資指數則降低二七・七％。在二〇〇九至二〇一一年間，我們觀察到公司市值回升了一九％，股價回升二七％，而薪資指數則增加二二%。」另一方面，在二〇一四到二〇一五年之間，前三百大公開上市公司的CEO薪資中位數減少了百分之三．八，從一千一百二十萬美元降低到一千零八十萬美元。在這三百位CEO當中，那一年有超過半數的薪資升降都在百分之一內，這樣的遲滯主要是因為整體股票報酬（equity return）不佳，因此CEO的退休金價值成長緩慢，甚至有縮減。關於二〇〇一至二〇一〇年間CEO薪資成長緩停，請參見 Frydman and Jenter 2010。關於二〇一四至二〇一五年之間的比較，請參見 Francis and Lublin 2016。

8 作者注：關於百分之四，請參見 Bessembinder 2017。關於夠資格的CEO候選人數目，請參見 Larcker, Donatiello, and Tayan 2017。

9 作者注：關於這一段開頭的論點，請參見 Lublin 2017。

10 作者注：公司的出口能力增加百分之十，就可能讓CEO薪資增加百分之二（這已經針對較大規模的公司經過調整）。這表示要找到能夠適應全球環境變動的人才，又能做到其他工作要求，有多麼困難，而市場願意為這樣的人才下注多少錢。關於這點，請參見 Keller and Olney 2017。

11 作者注：請參見 Frydman and Jenter 2010。關於外部聘雇的數據，請參見 Murphy and Zabojnik 2006。

12 作者注：同樣請參見 Frydman and Jenter 2010。關於初次聘雇時的薪資，請參見 Falato,

Li, and Milbourn 2013，他們發現條件更強的ＣＥＯ，確實能從一開始就拿到較高的薪水，而之後的表現也更強。

13 作者注：關於這點，請參見 Ales and Sleet 2016。

14 作者注：請參見 Kaplan 2012；Kaplan and Rauh 2013。

15 譯按：代理問題（agency problem）又稱為委託代理問題，是指代理人和委託人的目標不一致，而委託人很難觀察、監督代理人的行為，最後造成委託人利益受損。

16 作者注：請參見 Kaplan 2012；Kaplan and Rauh 2013。

17 作者注：請參見 Kaplan 2012，並且要注意的是，這項能夠創造企業價值的能力，也顯現在頂尖私募股權公司的薪資上。根據《紐約時報》的估計，黑石集團（Blackstone）的ＣＥＯ史蒂芬．施瓦茨曼（Stephen A. Schwarzman），在二〇一五年就領到將近八億美元，其中大部分都來自於漂亮的交易成果和股權分紅，他的基本薪資是三十五萬美元且不領紅利。同樣在黑石集團，總裁漢彌爾頓．詹姆斯（Hamilton E. James），則是領到二億三千三百萬美元，而房地產部門的全球負責人強納森．葛瑞（Jonathan D. Gray），拿到二億四千九百萬美元。其他在私募股權公司的高薪案例，包括了阿波羅全球管理公司（Apollo Global Management）的萊昂．布萊克（Leon Black），在二〇一三年拿到五億四千三百萬美元。而亨利．克拉維斯（Henry Kravis）與喬治．羅伯茨（George R. Roberts），共同掌管科爾柏格—克拉維斯—羅伯茨投資公司（Kohlberg Kravis Roberts），他們在二〇一五年的薪資加總起來，也有三億五千六百萬美元。注意，許多私募股權公司中薪資最高的人都是創辦人，因此在公司的交易中擁有相當數量的股權。這些所有相關資料，請參見 Protess and Corkery 2016。

18 作者注：請參見 Kaplan 2012。

19 作者注：其中幾個論點請參見 Frydman and Jenter 2010。關於外來人的薪資更高，請參見 Murphy and Zabojnik 2004。

20 作者注：請參見 Song et al. 2015；同時請參見 Autor et al. 2017。

21 作者注：順帶一提，在英國和德國中經濟不平等的變化，也將超級巨星公司視為主因，在這二個國家中，重大的改變並不是發生在個別公司、在員工和老闆之間，而是有某些公司的生產力步調超越了對手，讓對手難以望其項背。

22 作者注：請參見 Nguyen and Nielsen 2014，並且更廣泛的討論可請參見 Tervio 2008。關於百分之二・三二的預估，請參見 Jenter, Matveyev, and Roth 2016。

23 作者注：請參見 Becker and Hvide 2013。

24 作者注：請參見 Bennedsen, Pérez-González, and Wolfenzon 2011。

25 作者注：更為廣泛的研究是針對換掉 CEO 的影響，其數據也符合這些主張，請參見 Chang, Dasgupta, and Hilary 2010。

26 作者注：關於員工的薪酬太低，請參見 Isen 2012。

27 作者注：關於百分之六十八至七十三的預估，請參見 Nguyen and Nielsen 2014；關於百分之四十四至六十八的預估，請參見 Taylor 2013。一九九〇年有一項知名的研究，經濟學家邁克爾·詹森（Michael C. Jensen）和凱文·墨菲（Kevin J. Murphy）發現，對於大型的美國公司來說，如果ＣＥＯ能夠創造出一千美元的股價，就有可能得到約三·二五美元做為回報。這份一九九〇年的研究成果，如今已經過時了，報告中並未涵蓋到所有形式的報酬，數據經過修改，而且只顧慮到邊際收益，沒有將ＣＥＯ合約整個考慮進去，因此跟文中所討論的結果就有差距。自從詹森與墨菲的論文發表之後，股票選擇權（stock option）的使用迅速增加，讓ＣＥＯ的激勵動機更加契合他們所創造的股東價值（shareholder value）。根據幾份後來的預估數據，以百分比來說，ＣＥＯ從自己所創造的企業價值所獲取的酬勞增加了四倍，或許更多。關於探討這個問題的部分調查結果，請參見 Walker 2010, 10。關於詹森與墨菲研究成果的重新計算，請參見 Conyon 2006、Frydman and Saks 2007，以及 Frydman and Jenter 2010，其中也討論了二戰之前的時期。很少有人知道，目前美國ＣＥＯ所使用的強力財務激勵因素，其實一直未能再次達到二戰前的程度。

28 作者注：請參見 Giertz and Mortenson 2013。有時候你會聽到有些人說，聘請薪酬顧問對掌權已久的ＣＥＯ有利、並且會提升薪資，針對這個問題的兩面，都能找到相當認真的研究，不過目前或許最好的結論是，兩面皆有可能。從數據研究中確實顯示出，薪酬委員會的組成並不會影響薪酬高低，不過，仍然可以說，其中某些董事能入選是靠裙帶關係，而從標準的擇選程序中，無法分辨此人是否有裙帶關係或者關係親近。無論如何，這類批評（還？）沒有得到證實，不過，我倒是聽過許多CEO自己提出這類指控。或許真有其事，但我也聽到有人慷慨激昂反駁，說目前的研究並不支持，至少還未有證據。請參見 Conyon 2006, 38；Walker 2010, 17-18。

29 作者注：這麼說可能不符合我們的直覺，但是我們或許會希望CEO薪酬成長的速度，能夠比公司規模的成長還要快。隨著公司愈來愈大、CEO薪水愈來愈高，有些CEO可能會想方設法留在公司、收取一大堆津貼、鞏固自己的職位不受外人挑戰，並將公司變成一座官僚組織。畢竟，如果你每年都能賺進幾百萬美元，應該會希望繼續這樣賺下去。那麼，董事會和股東會考慮用什麼方法，讓CEO能走在適當甘冒風險的道路上呢？那就是更高的薪水，不過，這些更高的報酬，會跟公司的業績緊緊綁在一起。確實，那正是CEO薪水成長的主要模式，CEO的非常高薪有一部分，源於CEO高薪而產生的激勵動機問題。對許多人來說，讓CEO能拿到額外的大筆酬勞，好反制他們自身可能會發生的固防及發懶，似乎不大道德，或許也確是如此。不過還有另一種方法可以評估這樣的系統，便是依據這麼做是否能產生更好的實際效果，而從這個觀點看來，或許確實更好。

30 作者注：請參見 Mauboussin and Callahan 2014 中所調查的證據，以及 Fama and French

1998。Maksimovic, Phillips, and Yang（2017）中預估，只要將選擇效應控制得宜，公司股票公開上市也不會讓投資發展變得短視。

31 作者注：關於這些數字，請參見 *Economist* 2017。

32 作者注：Mauboussin and Callahan 2014。有一份研究論文相當完整討論了短期主義，但是研究中並未考慮到較短的資產壽命期限觀點，請參見 Sampson and Shi 2016。

33 作者注：Mauboussin and Callahan 2014。

34 作者注：關於相關的觀點，請參見 Summers 2017。

35 作者注：關於研究與發展，請參見 Davies et al. 2014，也請參見 Cowen 2017 中的討論。

36 作者注：關於這點，請參見 Fried and Wang 2017。

第四章　工作好玩嗎？

1 作者注：請參見 Graeber 2018；Moran 2018。

2 作者注：請參見 Kahneman et al. 2004。

3 作者注：Maestas et al. 2017, 40。順帶一提，這份蘭德公司（RAND Corporation）的研究針對美國職場品質的結論，比起其他類似媒體的評論，或許會讓旁觀者更願意相信商界企業的好處。

4 作者注：關於這些結果的不同觀點，請參見 Kuhn, Lalive, and Zweimueller 2007；Tausig

1999；Clark and Oswald 1994。請參見 Paul and Moser 2007 中的調查結果，討論失業如何傷害心理健康及幸福。

5 作者注：McGrattan and Rogerson 2004。

6 作者注：請參見 Damaske, Smyth, and Zawadzki 2014 與 2016。

7 作者注：請參見 Bernstein 2014。

8 作者注：心流的理論絕對不算是主流心理學，究竟一個人的整體人類福祉或幸福感中，有多少是因為心流而來，也有待商榷，畢竟這也絕對不是唯一的認知或情緒價值。不過，心流的概念仍然對大眾的想像有相當影響，而至少在探討人類某些類型的滿足感時，包括從工作中獲得的滿足感，這是相當有趣的觀點。

9 作者注：請參見 LeFevre 1988；Csikszentmihalyi and LeFevre 1989。

10 作者注：關於川普競選的這個角度，請參見 Konczal 2016。

11 作者注：關於朋友，請參見 Maestas et al. 2007, 34。

12 作者注：我這裡的論點，都多虧了 Burkeman 2014。

13 作者注：請參見 Lee and Viebeck 2017。

14 作者注：關於這種文化，請參見 Cogan 2017。

15 作者注：關於補償性差異，請參見 Hersch 2011。關於女性工作環境品質的持續改善，請參見 Kaplan and Schulhofer-Wohl 2018。

16 作者注：關於買方壟斷力的二種觀點，請參見 Boal and Ransom 1997；Ashenfelter, Farber, and Ransom 2010。關於沃爾瑪超市，請參見 Bonnanno and Lopez 2009。關於為什麼大多數經濟學家不喜歡買方壟斷力模式，尤其是用來解釋從中期至長期現象，請參見 Kuhn 2004。關於薪資成長緩慢，請參見 Furman 2018。

17 作者注：要了解這點，可以從 Kaur, Kremer, and Mullainathan 2015 開始。

18 作者注：關於這點和前述幾段，請參見我在 Cowen 2017b 的相關論述。

19 作者注：關於這些機制，請參見 Freeman, Kruse, and Blasi 2004。

第五章　美國大商業的壟斷有多嚴重？

1 作者注：關於不斷上升的零售業集中度數據，請參見 Autor et al. 2017。

2 譯按：此處當然是一美元，大約新臺幣三十元上下。

3 作者注：關於這邊的數據，請參見 Frazier 2017。

4 作者注：關於相關論點，請參見 Ganapati 2017，其中提到：「過去二十年來非製造業的集中度提升，和可觀察到的價格變更並無相關，但與產出量提升相關。」

5 作者注：請參見 Gutiérrez and Philippon 2017。

6 作者注：關於在重大關鍵系統的資訊科技投資以及產業集中度之間的連結，請參見 Bessen 2017。

7 作者注：有二項研究是針對醫院整併的經濟學，請參見 Cooper et al. 2015 以及 Town et al. 2006。關於這個議題的廣泛流行調查，請參見 Feyman and Hartley 2016。

8 作者注：關於手機電信服務降價，請參見 Leubsdorf 2017。關於頻段私人化，請參見 Skorup 2013。

9 作者注：關於航空的數據資料，請參見 Cowen 2017c。我引用了美國交通部的總飛行里程數資料，以及聖路易斯聯邦儲備銀行（St. Louis Fed）FRED經濟研究中心經過通膨調整的航空機票價格數據，二者都能在網路上找到。關於整體集中度比率和個別區域市場競爭程度的區別，請參見 Shapiro 2017。我應該補充說明一下，我個人並不樂見伴隨降低價格而一起發生的座位變擠、機上設施變少的趨勢，但是我搭機旅行時，常常都是由第三方付款，而多數美國人並非如此。所以這便是市場在告訴我們，大多數人都寧可省錢。

10 作者注：請參見 Leonhardt 2014；College Board 2016。

第六章　大型科技公司很邪惡嗎？

1 作者注：請參見 Shephard 2018；Manjoo 2017。

2 作者注：這份清單來自 Chris 2017。

3 作者注：關於字母科技與谷歌以及相關的廣告收益，請參見 Stambor 2018。

4 譯按：Project Loon 在谷歌仍是開發中的實驗計畫，所以尚未有正式的中文譯名，空浮計畫為暫譯，取熱氣球漂浮空中的意象而定。

5 作者注：關於數據，請參見 Watts and Rothschild 2017。

6 作者注：請參見 Watts and Rothschild 2017。

7 作者注：關於這些預估，請參見 Allcott and Gentzkower 2017。關於兩極化，請參見 Boxell, Gentzkower, and Shapiro 2017。

8 譯按：過濾泡泡是由作家伊萊・派瑞瑟（Eli Pariser）提出的概念，指網站演算法會根據用戶的偏好與使用習慣、歷史紀錄等過濾使用者所看到的內容，也就是台灣讀者較熟悉的「同溫層」概念，下文的回聲室效應也是類似的說法。這個名詞還沒有固定的中文譯法，派瑞瑟使用 bubble 一詞是形容演算法將有相同偏好的人畫成一圈，每個人的各種偏好就能用許多泡泡來表現，所以譯者選擇直接從字面翻譯。

9 作者注：請參見 Gentzkow and Shapiro 2014；Boxell, Gentzkow, and Shapiro 2017。

10 作者注：我也認為臉書會將許多像是音樂等文化元素抽離其更為廣泛的社會情境，比方說，因為社群媒體能夠讓人如此快速而有效地互相連結，我們就不再像過去那麼需要利用音樂來達到這個目的。以前，年輕人會用音樂來表達自我，以及自己想要加入哪種社交圈。在一九九〇年代晚期，如果你是女權主義者，可能就會聽靛藍女孩（Indigo Girls）的歌，交換莎拉・麥克勞克蘭（Sarah McLachlan）的ＣＤ，並參加莉莉絲音樂祭（Lilith Fair），今日你可以用臉書來表達自己的觀點，換上支持計畫生育（Planned Parenthood）的封面照片，又或許是在 Instagram 上貼文。可以說結果就是音樂與我們的社會連結就比較沒關係，似乎也失去了早期那種文化動力、社會影響力或是政治意義。流行音樂愈來愈興盛，而即使如今有一個高度爭議的總統（就是川普），除了饒舌音樂以外，抗爭歌曲也不大重要了。以上段落引自 Cowen 2017d。

11 作者注：關於書籍厚度，請參見 Lea 2015。確實，當然不是每個人都會把這些大部頭又長篇的書籍，從頭到尾讀完，不過仍然與一般認為所有作品都愈來愈短的觀念，有所分歧。

12 作者注：關於對小說的爭論，請參見 Cowen 1998, 64。

13 作者注：請參見 Alexander 2017。

14 作者注：關於上海的例子，請參見 Zhen 2017。

15 作者注：關於病歷隱私的弱點，請參見 Caplan 2016。

16 作者注：請參見 Farr 2016；Caplan 2016。

第七章　華爾街到底有什麼好的？

1 譯按：傑佛遜式民主（Jeffersonian democracy）得名自美國第三任總統湯瑪斯・傑佛遜（Thomas Jefferson），這派人士一心為美國的共和制奉獻，反對貴族政治和腐敗的政府，因此也反對由商人、銀行家和工廠老闆等參與的菁英政治。

2 作者注：關於銀行與金融在美國十九世紀大幅成長中的角色，請參見 Bodenhorn 2016。

3 譯按：格拉斯－史蒂格爾法案也稱銀行業法，最初在一九三三年提出，描述了嚴格畫分商業銀行及投資銀行的規定，雖然在一九九九年廢除，不過二〇〇九年開始又有參議員呼籲重建，或者建立以格拉斯－史蒂格爾法案為基礎的新版銀行法。

4 譯按：這類借貸公司顧名思義就是將還款日設定為發薪日，等下一個月發薪水，借貸公司就會直接將借款連同利息領走，發薪日借貸公司的核定時間很快，但利息也高，不過若還款不順利，至少不會像跟銀行貸款一樣影響到自己的信用紀錄。

5 作者注：關於這些以及其他許多案例，請參見 Faust 2016。

6 作者注：請參見 Zauzmer 2013。

7 作者注：請參見 NVCA 2016；SSTI 2016。

8 作者注：Gompers et al. 2016 12-13。這是根據調查所得的結果，調查對象是六百八十一間公司中八百八十九名機構創投者。

9 作者注：Gompers et al. 2016。

10 作者注：請參見 Content First 2009；Kaplan and Lerner 2010；Gompers et al. 2016。

11 作者注：有趣的是，戰後美國最早開始發展的創業投資中，有一些是來自一位法國人叫做喬治．多里奧特（Georges Doriot），關於他的人生，請參見 Ante 2008。

12 譯按：這裡是借用了彼得・泰爾的著作書名《從 0 到 1》(*Zero to One: Notes on Startups, or How to Build the Future*；編按：繁體中文版由天下雜誌出版)。

13 作者注：關於這百分之七的估計值是從哪裡來的討論，請參見 Diamond 1999。還有許多其他估計值也可以參考，如 Brightman 2012，不過這些數值都相當高。

14 作者注：請參見 Egan, Matvos, and Seru 2016。

15 作者注：請參見 Backpacker 2015。

16 作者注：關於調查結果，請參見 McCarthy 2015。

17 作者注：Greenwood and Scharfstein 2013, 13-14。

18 作者注：請參見 Greenwood and Scharfstein 2007, 9。

19 作者注：Greenwood and Scharfstein 2013, 14。

20 作者注：請參見 Hausmann and Sturzenegger 2006。

21 作者注：Jackson 2013 中，提出了針對暗物質效應調查的後續辯論。Gourinchas 2016 中，提出了美國從這樣的投資差額中獲利的最新估算數字，引用他的話：「隨著金融全球化不斷進行，美國投資人會將自己的外國持股集中在有風險及／或非流通性的證券，例如股權投資組合或直接投資，而外國投資人會將他們的美國資產集中在購買債券組合，尤其是國庫證券以及由隸屬政府的機構發行的債券，投資的領域包括住宅金融和跨境貸款。」也就是說，美國人整體上比較樂觀也比較能容忍風險，而我們的金融業有助於支持這樣的傾向。Setser 2017 中認為，暗物質效應中有某些或許是來自美國跨國企業利用在財會資料上動手腳，將自己一部分收益轉到課稅較低的外國子公司或分部。

22 作者注：順帶一提，如果你有在研讀學術文獻，或許就知道在金融業和經濟成長的研究，可以說是沒有定論，最多只能確認說在低收入國家中的金融與經濟成長，有正相關，而在較富裕國家中則沒有明顯關聯。我對這樣的發現有二種解釋。第一，發展過了一個特定階段後，金融的益處通常就會是經濟學者所謂的「一次性」獲益，而不會提升經濟成長率。不過一次性獲益非常重要，特別是你可以獲益許多年的話更是；例如就像先前討論過的，「暗物質」假說表示金融每年會為美國帶來許多額外消費，卻不會將成長率從百分之一提升到百分之二，儘管如此，我們的生活還是好過多了。這是許多討論中都忽略的技術問題，不過事實上，有很多受益機構都能提升消費或者帶來其他收益，而不會提升成長率。第二，較富裕的經濟體本來就會成長得比較緩慢，因為無法進行追趕性成長。如果金融讓一個經濟體更富裕，可能也會降低其成長率，但這也會掩蓋了金融能帶來的實質益處。關於這些論點請參見 Cline 2015。懷疑論者的論文是 Cournede and Denk 2015。關於金融與成長率的普遍性調查，請參見 Arcand, Berkes, and Panizza 2015。

23 作者注：Scannell and Houlder 2016。

24 作者注：Scannell and Houlder 2016。

25 作者注：關於金融業在ＧＤＰ占比的數據，請參見 Philippon 2011 及 2015。

26 作者注：關於這點，請參見 Philippon 2015。

27 作者注：這邊所有討論，請參見 Philippon and Reshef 2012。

28 作者注：請參見 Shu 2013 和 2016。

29 作者注：Kaplan and Rauh 2010, 1006。這篇論文一般說來，是關於金融業薪水資料相當好的資料來源。

30 作者注：Greenwood and Scharfstein 2013。

31 作者注：請參見 Balchunas 2016。關於二〇〇四年的數字，請參見 Bergstresser, Chalmers, and Tufano 2009。共同基金費用仍然高昂，背後的一個問題是，基金信託人通常比較在乎管理的利益，而不是投資人的利益，請參見 Thomas 2017。

32 作者注：關於金融業成長這個來源的分析觀點，請參見 Antill, Hou, and Sarkar 2014，其中顯示其不成比例地出現在非銀行信用中介機構中。

33 譯按：美國第四十任總統隆納・雷根在上任後擴大國防軍事花費，建設軍事實力跟蘇聯對抗，而此舉也迫使蘇聯必須增加軍武開支，兩國開始進行軍備競賽，不過經濟狀況本就疲弱的蘇聯因此備受打擊，進而加速了蘇聯解體。

34 作者注：關於中國減少持有美國債券，請參見 Mullen 2016。

35 作者注：關於這些數據，請參見 Comoreanu 2017，根據ＦＤＩＣ資料而來。

第八章　裙帶資本主義：大商業對美國政府的影響力有多大？

1 譯按：此書尚無繁體中文版，這裡引用簡體版的翻譯書名。

2 譯按：二〇一二年共和黨提名的總統候選人，敗給尋求連任的歐巴馬總統。

3 作者注：這些引言取自 Pearlstein 2016。

4 作者注：路易吉．津加萊斯是最常出聲抨擊裙帶資本主義的學者之一，請參見 Zingales 2017。

5 作者注：關於廣告總花費的估算數字，請參見 Statista 2017。關於通用汽車的比較，請參見 Austin 201；同時請參見 Drutman 2015, 223。關於可口可樂，請參見 Zmuda 2014。關於中國的引言，請參見 Pearlstein 2016。

6 譯按：此案主要是針對兩黨選舉改革法案中的二〇三條，規定公司和工會不得在大選六十天前、初選三十天前透過廣播、電視等通訊管道播放攻擊、或支持某一候選人的訊息。立場偏保守的非營利組織聯合公民原本計畫在二〇〇八年上映一部有關希拉蕊．柯林頓的影片，地方法院認為此舉違反了二〇三條，聯合公民因此上訴到最高法院。最後最高法院的大法官以五比四的結果，判定二〇三條違反憲法中保障人民的言論自由，因此由聯合公民勝訴。反對者擔心這個判決會讓企業更加大膽介入競選活動、干預政治。

7 作者注：請參見 Drutman 2015, 83, 86-87, 91。關於遊說的研究，請參見 Cao et al. 2017。

8 作者注：例如 Coffey and McLaughlin 2016 便估計自一九七七年以來，遵守法規要付出約四兆美元的成本。

9 作者注：請參見 Gilens and Page 2014。關於所有回應的論點，請參見 Enns 2015；Bashir 2015；Branham, Soroka, and Wlezien 2017；以及 Matthews 2016。

10 作者注：關於現狀偏差，請參見 Bashir 2015。

11 作者注：請參見 Drutman 2015, 92-93。

12 作者注：關於傑佛遜，請參見 Bainbridge and Henderson 2016, 2。

13 作者注：關於多重賠償責任的問題有一個非常好的論點，而且也引歷史發展供參，便是 Halpern, Trebilcock, and Turnbull 1980。

14 作者注：或許有時多重賠償責任架構是可行的，這裡我想到的是非常仰賴公眾信任而擁有強大影響力的公司，例如壽險公司或債務密集型的銀行形式。要是說這些領域的政府法規較寬鬆，加上沒有或者比較少紓困手段，而且在銀行的例子上又沒有存款保險，那麼多重賠償責任形式就有相當的機會可以在這些例子中演進並存續。在只有有限責任的情況下，壽險公司可能會收進很多保費，拿這筆錢賭一把而且在三、四十年間都不用擔心無法賠償保單。股東從這樣的風險中可能會占點好處，而保單的投保人則要承受較多負面風險。若如此，管制保險業及銀行業的官員通常會要求這些公司一開始就要握有高額資本（但是不負多重責任），這些資本緩衝基本上就和多重賠償責任有一樣的功能，可以說效率比較好。合夥是另一種偏離嚴格有限責任模型的企業形式，例如若有某個合夥人發生侵權或背信行為，任一合夥人都要負起責任，只要前者是在合夥關係的商業活動範圍內犯罪。有許多法律事務所都採取這種形式，而在過去的投資銀行，包括高盛，經常也是以合夥人形式營運。如果合夥人要受其他合夥人監管其投入的努力與責任，這個模式似乎能運作良好，而這些投資的規模相對要比較小，才有可能進行這樣的監管。不過，雖然合夥關係在許多領域中都有成功案例，卻無法完全取代企業中有限責任的組織形式，而且這類形式雖然更常出現了，卻是為了稅務的關係（能夠採用穿透性稅率），而非是為了組織效率。

15　作者注：關於這段歷史，請參見 Osborne 2007, Ch. 2，還有 Bainbridge and Henderson 2016，特別是頁三七至三八關於紐約的部分。關於有限責任企業接手了州政府的某些財政失利，請參見 Wallis 2005。關於百分之九十的數據，請參見 Bainbridge and Henderson 2016, 13。

第九章　如果商業這麼好，為什麼這麼惹人厭？

1　作者注：請參見 Rucker 2011。

2　作者注：這段以及下段資訊取自 Hauser and Maheshwari 2006。

3 作者注：Hauser and Maheshwari 2006。

4 作者注：Guthrie 1993, 107。

5 作者注：關於擬人化的普遍傾向，請參見 Chartrand, Fitzsimons, and Fitzsimons 2008；Guthrie 1993。

6 作者注：Cialdini 2007, 28-29。

7 作者注：Cialdini 2007, 168-69。

8 作者注：請參見 Scheiber 2016。

9 譯按：原是陶氏化工（Dow）推出的浴室清潔劑名稱，後來美國莊臣（S. C. Johnsons）家用清潔劑化工公司收購後，便將此轉為廣告吉祥物的名字。

10 作者注：想知道將產品擬人化，推出「會微笑的」汽車以及顧客對此的反應，這段歷史請參見 Aggarwal and McGill 2007 and 2012。

11 作者注：Touré-Tillery and McGill 2015。

12 作者注：接下來是根據比較推測性的證據，不過或許是企業產品的人性化特質，在某種程度上會轉移到我們身上。例如，會接觸到蘋果品牌的個人，會比控制組表現出更多創意（注意：實驗進行當時，蘋果品牌還是給人比較有創意的強烈形象，跟現在的狀況可能不大一樣）；接觸到迪士尼品牌的人，會表現得更誠實。我想我們不應該以這樣的實驗室結果下定論，認為現實世界一定也是這樣，但是至少可以更肯定，企業對我們的影響力，可能就像人類的模範對個人的影響一般，就像我們有時會向地位更高的人學習。另外，有些促發效應（priming effect）可能是有動機的，如果看到某個品牌或企業形象，會誘使我們想到自己很快就會以某些方式，跟這個品牌或公司互動，那麼我們潛意識裡可能就會更有動機，要為了這樣的互動表現出適當的舉止。例如說，如果一家公司透過廣告，傳達出跟聰明有關係的訊息，廣告的觀眾或許就會更專心、至少暫時變得更聰明，因為他們都受到促發，期望與那家公司有某種互動。無論如何，這也可以說是混淆了企業、人類形象、以及將商業公司擬人化。關於這些討論，有一份很好的參考資料，Fitzsimons, Chartrand, and Fitzsimons 2008。關於對產品有感情，請參見 Chandler and Schwartz 2010。關於更普遍擬人化產品，請參見 Cowen 2016。

13

作者注：諷刺的是美國流行文化本身，在大多數時候，其核心就是大企業。要讓人不信任大企業，一個最佳的論點就是，流行文化自己呈現出來的商業形象（大多是不正確的）。往好處想，有許多從好萊塢電影和電視想傳達的確切訊息，一旦經過螢幕上的轉譯，在較深層面上就不一定那麼反商業了。最重要的是，好萊塢電影提倡的是個人主義及英雄主義的倫理教條，因此就廣義來說，這些作品或許讓美國大眾轉向相對自由開放的態度，實際上可能是相當支持商業的，而且這些訊息是透過大量激勵人心、英雄式的電影傳播，或許完全沒提到商業。從這點來說，好萊塢並未毀壞美國的智識或意識形態氛圍。但不幸的是，商業和市場有許多好處很難在螢幕上呈現，亞當．斯密筆下「看不見的手」是一種重要機制，讓尋求獲利的行為，能夠讓商人想要做出對社會更有利的事情，不過，他們卻不一定會覺得自己在做善事。平衡獲利與損失是在幕後發生的活動，從某一組使用者手中拿走資源再交到另一組手上，而看不見的手有個特點就是，嗯，看不見，同時也需要某種程度的概念性理解，而很多美國大眾並沒有足夠的經濟學知識，能夠看懂螢幕上講解看不見的手是什麼。而且在流行文化中，觀眾經常會從某人的意圖來評斷，而在螢幕上要呈現意圖比起呈現行動的最後結果，要簡單多了。不過，一個核心的經濟學論點就是，純粹的自私或者純粹自私的動機，也可以帶來好結果，至少放在適當的機構中就會如此，這點也很難在螢幕上呈現，因為其中牽涉到太多抽象概念，而非具體行動。

14 譯按：控制權溢價是一種定價現象，就是對公司有控制權的股票價值每一股都會大於對公司沒有控制權的股票。這裡指的是，如果我們想對自己的生活有所掌控，勢必要付出更多代價。

15 作者注：關於控制權溢價的一項研究，請參見 Owens, Grossman, and Fackler 2014。

附錄　到底什麼是公司？勞工的煩惱哪裡來？

1 作者注：雖然我從寇斯及威廉森的文章中獲益良多，但最終的立場仍更受下列學者的影響，包括 Commons、Kreps（企業做為聲望的乘載者），以及 Rotemberg。

2 作者注：你或許會想要說，把企業看成是承擔了社會及法律聲望的角色，最終抽絲剝繭還是能得出盡量降低交易成本的理論。確實，企業承擔了聲望在某個程度上可以降低交易成本，不過，企業會因此而成為箭靶，進而增加交易成本，我會說，承擔聲望這個元素，基本上不是企業考量邊際效益後做出的選擇，然後造成了降低交易成本，而是一部分是企業必須要做的（在邊際留有調整空間），從這點來看，仍然與寇斯與威廉森的理論模型有明顯差異。

國家圖書館出版品預行編目（CIP）資料

企業的本質：從經濟學的觀點來看／泰勒・柯文（Tyler Cowen）著；徐立妍譯. -- 二版. -- 臺北市：經濟新潮社出版：英屬蓋曼群島商家庭傳媒股份有限公司城邦分公司發行, 2022.10
面；　公分. --（經濟趨勢；72）
譯自：Big business: a love letter to an American anti-hero
ISBN 978-626-7195-04-8（平裝）

1. CST: 商業　2. CST: 企業經營　3. CST: 資本主義　4. CST: 美國

490　　111015435